数据结构与程序设计实验教程

主　编　杨　静　王　勇

副主编　张泽宝

科学出版社

北　京

内 容 简 介

　　本书是为了配合计算机科学与技术等相关专业数据结构课程实践教学而编写的。全书共 11 章，主要分为实验准备篇、实验内容篇和实验报告篇。实验准备篇包括第 1、2 章，介绍实验的目的、步骤、内容概况与学时分配以及数据结构基础理论；实验内容篇是本书的核心，包括第 3～9 章，为具体实验内容，与理论教材中主讲内容对应；实验报告篇包括第 10、11 章，主要涉及课程的考核与评价，给出了实验报告要求、参考评分标准及实验报告样例。本书内容充实完整，层次分明，样例代码翔实，有利于学生加深对数据结构理论知识的掌握和理解，能够进一步强化学生的算法设计分析与编程实践的能力。

　　本书既可以作为普通高等学校计算机及相关专业数据结构课程的教学参考书和实验指导教材，还可以作为对数据结构内容感兴趣的读者的自学读物。

图书在版编目(CIP)数据

数据结构与程序设计实验教程 / 杨静，王勇主编. — 北京：科学出版社，2024.3
　ISBN 978-7-03-078290-8

　Ⅰ.①数…　Ⅱ.①杨…　②王…　Ⅲ.①数据结构－高等学校－教材　②程序设计－高等学校－教材　Ⅳ.①TP311

中国国家版本馆 CIP 数据核字(2024)第 057010 号

责任编辑：于海云　滕　云 / 责任校对：胡小洁
责任印制：师艳茹 / 封面设计：无极设计

科学出版社 出版
北京东黄城根北街 16 号
邮政编码：100717
http://www.sciencep.com

北京九州迅驰传媒文化有限公司印刷
科学出版社发行　各地新华书店经销
＊

2024 年 3 月第　一　版　　开本：720×1 000　1/16
2024 年 3 月第一次印刷　　印张：10 1/2
字数：212 000

定价：**45.00 元**

前　言

随着移动互联网的广泛应用和新一代信息技术的飞速发展，海量数据呈爆炸式增长，数据逐渐成为新的生产要素和战略性资源。数据在计算机内部如何表示、存储和处理是数据结构课程的主要内容。数据结构是计算机科学与技术、软件工程等信息类专业的核心基础课程，具有概念丰富、内容抽象、逻辑性和实践性强等特点。

本书的编写目的是通过实践教学环节和内容的实施，使学生更好地理解理论知识体系和课程内容，便于学生进行全面、综合的训练。同时，为了便于与当前广泛使用的数据结构理论课程教材进行更好的衔接，本书使用C/C++语言进行部分算法内容的描述，实际上机环节对平台和语言不做要求。本书作为实验教程，按基本概念、存储结构、运算操作和实际问题案例的编排顺序开展讲解，对基本概念和知识仅做简要介绍，重点关注实验内容，并附主要源代码可进行实验验证。通过本书的学习，结合上机实验，学生能够强化工程实践能力，进一步提高算法分析和程序设计能力，并能够更好地解决计算机及相关领域的实际工程问题。

本书由哈尔滨工程大学杨静、王勇任主编，张泽宝任副主编。具体分工如下：杨静编写第1、2章，王勇编写第3~6章、第11章及附录，张泽宝编写第7~10章；全书由杨静统稿，王勇对全书内容进行了整理。

本书的编写得到了计算机科学与技术学院曲立平、杨悦、徐悦竹、潘海为等老师的帮助，各位老师认真审阅了书稿，并提出了宝贵和中肯的意见。另外，作者所在团队的研究生何帆、刘聪、刘佳琪、梁冠英、韩娅欣、闫雪云、马立欣、王天一、陈栋栋、孟繁杰等参与了本书的代码检查和书稿校对工作。借此机会，向上述老师和研究生表示由衷的感谢！

在编写本书的过程中，作者查阅、学习、借鉴和参考了大量优秀的数据结构及实验指导相关教材，主要参考教材已在本书最后的参考文献中部分列出，限于篇幅原因未能列出全部的参考文献，在此谨向本书中参考的所有已注明及未能注明的有关教材的作者们表示诚挚的谢意！同时，本书的出版，得到了哈尔滨工程大学本科生院、计算机科学与技术学院的资助，在此亦表示衷心的感谢！

本书出版前虽经多次修改和完善，但由于编者能力和水平有限，可能仍存在不足之处，敬请专家、读者批评指正。

编　者

2023 年 9 月

目　　录

实验准备篇

第 1 章　实验目的和步骤

为了便于读者更好地理解和掌握数据结构理论和实践结合的方法，了解并熟练掌握各种数据结构的类型定义，掌握其在实际问题中的应用能力，本章给出了各类实验的要求和具体实验步骤。

1.1　实验目的和要求

数据结构是计算机科学与技术、软件工程等信息类专业课程体系中一门实践性较强的专业基础课。数据结构与程序设计实验教程是与课堂听课、课下自学和平时练习相辅相成的必不可少的一个重要教学环节。实验着眼于原理与应用的结合，使读者能够把学到的课程知识用于解决实际问题，达到深化理解和灵活掌握教学内容的目的。同时，通过本课程的上机实验，使读者在程序设计方法及上机操作等基本技能和科学作风方面得到比较系统和严格的训练。

1.2　实验步骤说明

本节安排 3 类实验：验证性实验、设计性实验和综合性实验。

1.2.1　验证性实验步骤

验证性实验主要是将理论课程学习的重要数据结构知识上机实现，深化理解和掌握理论知识。这部分的实验不需要学生自己设计，只需将给定的方案实现即可。具体实验步骤如下。

1. 预备知识的学习

验证性实验程序是为了对教材中给出的数据结构及应用的算法进行验

证，因此在实验开始前，有必要了解和掌握实验相关背景及相关知识点，明确本次实验需验证的内容。

2．上机前的准备

一个验证性实验的源程序中包括该数据结构的定义、基本操作的实现和一个对基本操作调用的主程序等，所以一般源程序较长。为了能够顺利地进行程序操作，实验前，有必要将理论教材中给出的数据类型和算法转换为对应的程序，并进行静态检查，尽量减少语法错误和逻辑错误；设计验证实例，为运行程序做准备。

设计验证实例必须考虑以下两种情况：

（1）一般情况：例如循环的中间数据、随机产生的数据等。

（2）特殊情况：例如循环条件的边界条件、数据结构的边界条件等。

3．调试和测试源程序

（1）准备好源程序。

（2）对源程序进行编译和链接，产生可执行程序。

（3）使用设计好的验证实例运行程序。

（4）对程序运行结果进行分析。

调试程序是一个辛苦但充满乐趣的过程，也是培养程序员素质的一个重要环节。很多学生都有过这样的经历：花了好长时间去调试程序，错误却越改越多。究其原因，一方面，是对调试工具不熟悉，出现了错误提示却不知道这种错误是如何产生的；另一方面，是没有认识到预先避免错误的重要性，也就是未对程序进行静态检查。

4．改进和补充源程序

为了方便学习，本书中所给出的示例代码尽量做到简洁、明了，但是从源程序设计上来讲，未必是最好的，内容也许不够全面，程序的健壮性可能不强，学习者可在此基础上，对其进行改进、补充和完善。

5．总结和完成实验报告

完成实验后，对实验进行归纳、总结，按照规定的实验报告格式撰写实验报告。实验报告的一般格式和样例参见第 10 章和第 11 章。

1.2.2　设计性实验步骤

设计性实验的任务主要是针对具体问题应用某一个知识点，自行设计数据结构和算法并上机实现，目的是培养读者对数据结构的简单应用的能力。设计性实验中的问题更接近实际，着眼于知识原理与应用相结合，使教材中知识由抽象变为更加具体，帮助读者深化理解和灵活掌握学习内容，为读者将教材中学到的知识用于解决实际问题提供机会和引导，激发读者深入学习的兴趣。设计性实验建议由单人完成，实验步骤如下。

1.　问题分析

首先读者要充分分析、理解问题，明确问题要求做什么，约束限制条件是什么，也就是对所要完成的任务做出明确的描述，例如：程序的功能；输入数据的类型、值、输入形式；输出数据的类型、值、输出形式；测试用例，包括合法数据、边界数据和非法数据。

2.　数据结构设计

数据结构设计是针对问题描述中涉及的研究对象的抽象。设计性实验的目的是针对某一知识点应用的特点，采用教材中介绍的某一种数据结构，根据具体问题稍加修改(如增删数据域中的数据项、确定数据域的数据类型等)。

数据结构设计的结果应包括数据类型的定义、包括数据结构的描述和每个基本操作的功能说明。

3.　功能及算法设计

功能设计的任务是以设计的数据结构为中心的原则进行功能模块划分，设计主程序模块及界面设计，并画出各模块之间的调用关系图。

通常，算法中除了解决问题的一个或几个函数外，还会需要一些辅助函数，如处理问题的输入、运算结果的输出及主函数 main 等。为了避免调试困难，每个函数不宜过长（一般不超过 60 行），太长时则应考虑按功能分解为多个函数，该步骤的要点是使整个算法结构清晰、合理和易于调试。

算法设计主要描述解决问题的思路，并按照算法书写规范用类 C/C++语言写出函数形式的算法框架。注意，尽量避免陷入程序设计语言的细节，不必过早表述辅助数据结构和局部变量。

界面设计主要描述用户与程序交互的方式，运算结果的呈现方式应该直观易懂。

功能设计及算法设计的结果是设计各个解决具体问题的主要功能模块的算法，并画出各模块之间的调用关系图。

4. 编码实现和静态检查

该步骤是将前一阶段中的算法设计描述，通过编码具体化为程序设计语言程序，并进行静态检查。

建议读者在编码过程中，程序的每行不超过 60 个字符，注意控制 if 语句嵌套的深度。对于编程熟练的读者，可以根据算法设计阶段类语言描述的算法直接在键盘上输入程序。

静态检查是指程序设计者阅读程序，并用测试数据人工执行程序，检查程序在语法和逻辑上存在的错误。静态检查是提高上机效率所必需的。许多初学者在编程后省略静态检查，他们或者对其所编程序的正确性"过分自信"，或者认为检查错误是计算机的工作，事实证明这两种心态都极不可取。程序设计者省略静态检查步骤，会严重影响上机调试进度及体会程序设计成功所带来的喜悦。

5. 上机调试

上机调试是利用 C/C++提供的集成编程环境，输入源程序，经过编译、链接、运行，实现用计算机对问题的求解。

为了上机时能够集中精力在程序调试上，读者应具备一定的条件：

（1）熟悉机器的操作系统和语言集成环境。

（2）掌握语言和调试工具的使用。建议调试时最好能够带一本 C/C++语言教材或手册。

读者对程序的调试顺序也是影响调试效率的重要因素。初学者往往习惯把代码较长的程序一起调试，这样同时出现的错误可能会很多，且程序代码间关系复杂，难以确定错误的原因和位置，从而导致调试者因挫败而失去耐心，增加调试程序的时间。因此，调试应该按模块分步进行，自底向上，以模块为单位，逐步增加，直到所有的模块都包含进来为止。

6. 总结和完成实验报告

完成实验后，对实验进行归纳、总结，按照规定的格式撰写实验报告。在实验报告中详细描述本实验的问题、步骤，以及设计思路和代码实现情况，并将自己在实验过程中的收获和总结整理出来加入实验报告中。实验报告的一般格式和样例参见第 10 章和第 11 章。

1.2.3　综合性实验步骤

综合性实验的任务主要是读者针对问题描述应用几个知识点，自行设计数据结构和算法解决实际问题并上机实现。综合实验建议由多人合作完成，能够更好地培养读者应用数据结构知识解决问题的能力、团队精神和良好的科学作风，加深其对软件工程规范化的理解和训练。

综合性实验中解决问题的步骤与设计类实验中解决问题的步骤相似，两者的区别在于：在求解过程中，综合性实验涉及问题的复杂程度比设计性实验涉及的复杂程度要高，在求解过程中涉及的知识点和内容较多，最终的程序规模较大。其实验步骤如下。

1.　问题分析和任务定义

根据设计题目的要求，充分分析和理解问题需求，明确问题要求所完成的内容，明确解决问题的方式方法，以及明确问题中的限制条件。

2.　概要设计

概要设计的任务是在充分理解、分析问题的基础上，设计实验中采用的数据结构并进行算法的功能模块的划分。

数据结构的设计是针对问题描述中涉及的抽象数据类型定义，包括数据结构的描述和每个基本操作的规格说明。

功能划分是依据以设计的数据结构为中心的原则划分模块，并画出模块之间的调用关系图。通常程序中除了解决问题的一个或几个函数外，还会需要一些辅助函数，如处理对象的输入、加工结果的输出及一个主函数 main 等。另外，为了避免调试困难，每个函数不宜过长（一般不超过 60 行），太长则应考虑按功能分解为多个函数。该过程的要点是使整个程序结构清晰、合理和可读性好。

这个步骤要综合考虑算法的功能，使算法结构清晰、合理、简单，抽象数据类型尽可能做到数据封闭，基本操作的说明尽可能明确。不必过早地考虑存储结构和具体的程序设计语言的实现细节，以及辅助数据结构和局部变量表述。

概要设计的结果应写出每个抽象数据类型的定义，包括数据结构的描述和每个基本操作的功能说明，以及各个主要模块的算法，并画出模块之间的调用关系图。

3. 详细设计

详细设计的任务主要包括对概要设计的各模块算法深化和界面设计。

在对概要设计的各模块算法深化中，通过对具体的存储结构及算法所需的辅助数据结构设计，对数据结构和基本操作的规格说明做进一步的深化，按照算法书写规范用类 C/C++写出函数形式的算法框架。

界面设计主要是描述用户与程序交互的操作过程的实现，以及运算处理结果的呈现方式。数据结构课程实验的主要目的是培养学生应用数据结构知识解决问题的能力，因此程序在界面上应该是能够提示用户引导其操作，且方便用户理解、交互、友好的输入输出。

详细设计的结果是对数据结构和基本操作的进一步求精、细化后的详细设计规格说明、具体化数据存储结构的类型定义和函数形式的算法框架。

4. 编码实现和静态检查

编码实现是将详细设计的结果转化为程序设计语言程序，并进行静态检查。此阶段的要求与设计性实验相同。综合性实验的问题复杂程度和程序规模要大于设计性实验，因此，要更加注意良好的编程风格，耐心细致地做好静态检查工作。事实上，即使有几十年经验的高级软件工程师，也会经常利用静态检查来查找程序中的错误。

5. 程序调试与测试

熟悉程序运行环境并掌握调试工具，熟悉设计测试用例、上机调试和测试程序。测试正确后，认真整理源程序和注释，给出带有完整注释且格式良好的源程序清单和结果。

6. 结果分析

程序运行结果分析包括正确的输入及其输出结果和含有错误的输入及其输出结果，并正确分析算法的时间复杂度和空间复杂度等性能指标。

7. 总结和完成实验报告

完成实验后,要对实验进行归纳、总结,按照规定的格式撰写实验报告。在实验报告中详细描述本实验的目的、步骤,以及设计思路和代码实现情况,并将自己在实验过程中的收获和总结整理出来加入实验报告中。实验报告的一般格式和样例参见第 10 章和第 11 章。

1.3　实验内容概况与学时分配

根据 1.2 节中介绍的不同实验内容和类型,本节具体描述每个实验对应的理论课程章节、内容安排及学时分配建议等内容。

本书共设计 7 个实验,分别对应理论课程学习中的主要章节内容,具体对应关系如图 1.1 所示。如 1.2 节所述,每个实验又主要分为验证性实验、设计性实验和综合性实验 3 类。

具体详细实验内容及学时安排建议如表 1.1 所示。同时,根据实验内容安排、实验难度、实验规模及课时安排等因素,建议每次实验内容中验证性实验全部完成,设计性实验不要求全部完成,综合性实验建议选择其中一个实验内容,保质保量重点完成。

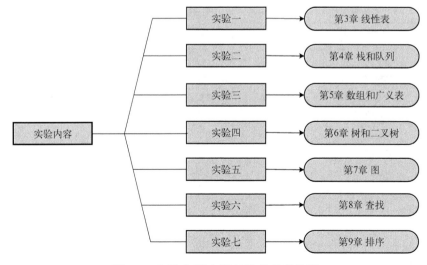

图 1.1　实验主要内容与章节对应关系

表 1.1　主要实验内容与建议学时

名称	主要实验内容	建议学时
实验一	·验证性实验：顺序表的基本操作、链表的基本操作 ·设计性实验：集合的交、并、差运算的实现，按规则合并单链表 ·综合性实验：查找链表中倒数第 k 个位置上的结点、约瑟夫环问题、约瑟夫双向环问题	4 学时
实验二	·验证性实验：顺序栈、链栈、循环队列、链队列 ·设计性实验：表达式求值问题、判断回文问题 ·综合性实验：迷宫问题、火车车厢重排问题、滑动窗口最大值问题、k 元素逆置问题、背包问题、最大人工岛问题、地图分析问题	4 学时
实验三	·验证性实验：三元组表、十字链表、广义表 ·设计性实验：魔方阵问题、本科生导师制问题、三元组存储表示与实现问题 ·综合性实验：汉诺塔问题、海军军人的重要性问题	4 学时
实验四	·验证性实验：二叉树链式存储结构 ·设计性实验：合式公式及类型的判断、等价关系与集合的划分 ·综合性实验：文件压缩、建立二叉树、构建舰队职级关系图	6 学时
实验五	·验证性实验：邻接矩阵、邻接表 ·设计性实验：各啬的国度问题、欧拉图问题 ·综合性实验：教学计划编制问题、修道士与野人问题、原材料运送问题、景区导游问题、中国邮路问题、医院选址问题、城市平乱问题、舰队巡逻问题	4 学时
实验六	·验证性实验：顺序查找验证、折半查找验证、二叉排序树的建立、查找验证哈希表的建立与查找 ·设计性实验：顺序查找算法、K 分查找算法 ·综合性实验：查找最高分与次高分问题、最美舰长评比问题、设计最小运载能力问题	4 学时
实验七	·验证性实验：直接插入排序算法验证、折半插入排序算法验证、希尔排序算法验证、冒泡排序算法验证、快速排序算法验证、简单选择排序算法验证、堆排序算法验证 ·设计性实验：第 k 个值问题、打印名单问题、舰队训练问题 ·综合性实验：用快速排序实现螺母和螺栓配对问题、奥运奖牌排行榜问题、用堆实现"稳定婚姻匹配问题"、考试日程安排与成绩统计问题	6 学时

第 2 章　数据结构基础理论

本章对数据结构的基础理论进行介绍,主要包括数据结构的基本概念(如定义、存储结构等)和算法分析的基本概念(如特性、评价等),为后续学习奠定理论基础。

2.1　数据结构的基本概念

1. 数据、数据元素和数据项

数据是对客观事物的符号表示,在计算机科学中是指所有能输入计算机中并被计算机程序处理的符号的总称。

数据元素是数据的基本单位,在计算机程序中通常作为一个整体进行考虑和处理,如记录、格局、顶点。数据元素可由若干个数据项组成,例如,一本书的书目信息为一个数据元素,而书目信息的每一项(如书名、作者名等)为一个数据项。

数据项是数据元素的成员,是数据元素不可分割的最小单位。数据项可以是字母、数字或字符的组合。通过数据类型(逻辑的、数值的、字符的等)及数据长度来描述。数据项可以理解为用来描述实体的某种属性。

2. 数据结构

数据结构是相互之间存在一种或多种特定关系的数据元素的集合,即带"结构"的数据元素的集合。数据结构主要研究的内容包含数据之间的逻辑关系、数据元素及其关系在计算机中的存储方式,以及对数据的各类操作,即数据的逻辑结构、数据的存储(物理)结构和数据运算三部分,如图 2.1 所示。一般地,对于某种数据结构,其逻辑结构是唯一的,但它可以根据需要表示成一种或多种存储结构,并且在不同的存储结构中,同一运算的实现过程可能不同。

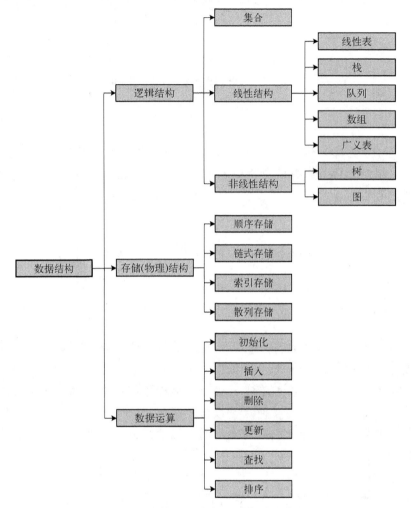

图 2.1　数据结构主要研究的内容

3. 数据的逻辑结构

数据的逻辑结构是对数据元素之间关系的描述，它与数据的存储无关，是独立于计算机的。数据的逻辑结构除集合之外，主要包括线性结构和非线性结构。

1）线性结构

线性结构是指数据元素之间存在着"一对一"的线性关系的数据结构。如线性表、队列、栈等。

简单地说，线性结构是一个由 n（$n \geq 0$）个数据元素组成的有序（次序）集合。它有以下 4 个基本特征：

（1）集合中存在唯一的一个"第 1 个元素"。

（2）集合中存在唯一的一个"最后一个元素"。

（3）除最后一个元素之外，其他数据元素均有唯一的"直接后继"。

（4）除第 1 个元素之外，其他数据元素均有唯一的"直接前驱"。

2）非线性结构

与线性结构不同，非线性结构中的结点存在着"一对多"的关系，它又可以细分为树形结构和图状结构。

4. 数据的存储结构

数据的存储结构，是指数据在计算机中的实际映像（表示）和物理存储，其包含数据元素及数据元素之间关系的映像和存储。数据的存储结构会影响存储空间分配的方便程度和数据运算的速度。在数据结构中常用的存储结构有顺序存储、链式存储、索引存储和散列（希哈）存储等。

1）顺序存储结构

顺序存储结构是将逻辑上相邻的数据元素存储在物理位置也相邻的存储单元内，数据元素之间的逻辑关系由存储单元的邻接关系来表示，即逻辑上相邻，物理上也相邻。因此，存储单元内只需存储数据元素的值，无需存储数据元素间的关系。通常顺序存储结构是借助于数组来描述的。

优点：节省空间，可以实现随机存取；缺点：插入、删除时需要移动数据元素，效率低。

2）链式存储结构

链式存储结构也称为离散式存储结构，其对逻辑上相邻的数据元素不要求其存储位置必须相邻。链式存储结构中的数据元素间的逻辑关系由附加的指针（指向结点的存储地址）来表示，指针指向数据元素结点的邻接点，这样将所有结点链接在一起。

链式存储结构中，数据元素可以存储在计算机存储器中的任意单元，该组存储单元可以是连续的，也可以是不连续的，通过附加的指针来表示结点之间的逻辑关系。一般地，每个结点由数据域和指针域组成，数据域用来存放数据元素，而指针域用来指向该数据元素直接后继的存储位置。

优点：插入、删除灵活；缺点：不能随机存取，查找速度慢。

3）索引存储结构

索引存储结构是在存储数据元素信息时，除建立存储数据元素的结点外，还要建立附加的索引表来标识对应存储结点的地址。

优点：支持随机访问，具有较高的运算效率；缺点：存储索引表需要额外的存储空间。

4）散列存储结构

散列存储结构的基本思想是，根据数据元素（记录）的关键字，通过散列函数直接计算出该数据元素的存储地址，其本质上是数组存储方法的扩展。

优点：查找数据高效；缺点：未存储结点之间的逻辑关系适用场景有限。

在实际应用的时候往往需要根据具体数据结构来决定采用哪一种存储方式。同一逻辑结构采用不同的存储方式，可以得到不同的存储结构。这 4 种基本存储方法，既可以单独使用，也可以组合起来对数据结构进行存储描述。本书将重点探讨前两种，即顺序存储结构和链式存储结构。

5. 数据类型和变量

数据类型是一个元素的集合和定义在此集合上的一组操作的总称。如整数，在计算机中它是[minint…maxint]上的整数，在这个集合上可以进行加、减、乘、整除、求模等一些基本操作（minint、maxint 分别称作最小整数、最大整数，在不同类型的计算机中它的值不同）。数据类型实际上是一种已经封装好的数据结构。

变量是用来存储数据元素值的所在之处，它们有名字和数据类型。变量的数据类型决定了如何将代表的这些值存储到计算机的内存中。在声明变量时指定它的数据类型，以决定能够存储哪种数据。

2.2　算法分析的基本概念

1. 算法

算法（Algorithm）是对特定问题求解步骤的一种描述，它是指令的有限序列。一般地，可以理解为由基本运算及规定的运算顺序所构成的完整的解题步骤，或者看成按照要求设计好的、有限的、确切的计算序列。著名的瑞士计算机领域先驱 N.Wirth 提出"算法+数据结构 = 程序",深刻诠释了算法和数据结构的关系。数据的运算是通过算法描述的,算法是程序设计的精髓,程序设计的实质就是构造解决问题的算法。

2.　算法的特性

算法一般具有以下 5 个重要特性:

(1)有穷性。算法应该包含有限个操作步骤,且每个操作步骤都是计算机可执行的。具体来讲,算法中的指令在有限次数的操作步骤之后,应该能够在有限的时间内结束。

(2)确定性。算法中的每一步的描述必须有确定的定义,即在任何条件下,只要输入相同,初始状态相同,则无论执行多少遍,所得结果都应该相同。

(3)输入。一个算法有 0 个或多个输入,以刻画运算对象的初始情况。所谓 0 个输入是指算法本身已确定了初始条件。

(4)输出。一个算法必须有一个或多个输出,以反映对输入数据加工后的结果。一般地,没有输出的算法是毫无意义的。

(5)可行性。算法中的所有操作都必须可以通过已经实现的基本操作完成运算,并且能够在有限次数内完成和实现,总体上算法是可行的。

3.　算法的评价

算法评价通常与算法的编程语言、运行平台等选择无关,评价一个算法一般是看其占用了多少机器资源,其中时间和空间是计算机资源的两个主要方面。一般地,用算法的时间复杂度和空间复杂度来衡量算法性能。

1)时间复杂度

一个算法的运行时间是指算法从开始执行到结束所需要的时间,但这并不容易进行计算和度量。一般认为一个算法所需的运算时间与所解决问题的规模大小相关。通常用 n 作为表示问题规模的量。例如,排序问题中 n 为所需排序元素的个数。

把规模为 n 的算法的执行时间,称为时间复杂度。算法运行所需的时间 T 表示为 n 的函数,记作 $T(n)$。为了方便比较统一问题的不同算法,通常把算法中基本操作重复执行的次数(语句频度)作为算法的时间复杂度,记作:

$$T(n) = f(n)$$

其中，$f(n)$是规模为 n 的算法重复执行基本操作的次数。

大部分情况下，要准确计算 $T(n)$ 是很困难的，因此引入算法的渐进时间复杂度，标记为 $T(n) = O[f(n)]$，其形式化定义为：若$f(n)$是正整数 n 的一个函数，则 $X_n = O[f(n)]$ 表示存在正的常数 M 和 n_0，使得当 $n>n_0$ 时，都满足 $|X_n| \leqslant M|f(n)|$。

从上面的定义可以看出，渐进时间复杂度关注的是趋势，也就是默认为问题规模足够大的情况下，时间复杂度所遵循的规律；采用大 O 标记的渐进时间复杂度给出的是算法复杂度的度量。

一个特定算法的时间复杂度并不是一成不变的，有很多算法在输入不同的情况下运行的时间复杂度也不相同。通常将一个特定算法对于任何输入的运行时间下限定义为其时间复杂度的最好情况；而对于任何输入的运行时间上限定义为其时间复杂度的最坏情况；对大量输入的平均运行时间定义为其时间复杂度的平均情况。对于不同问题，在不同情况下，时间复杂度的重要性不尽相同，但一般而言，算法的平均时间复杂度是描述算法性能最重要的指标。

2）空间复杂度

空间复杂度是指执行算法所需要的存储空间。算法对应程序运行所需存储空间包括固定部分和可变部分。固定部分所占空间与所处理数据的大小和数量无关，即与该问题的实例的特征无关，主要包括程序代码、常量、简单变量等所占的空间；可变部分所占空间与该算法在某次执行中处理的特定数据的大小和规模有关。

与算法的时间复杂度类似，空间复杂度作为算法所需存储空间的度量，记作：

$$S(n) = O(f(n))$$

算法的时间复杂度和空间复杂度建立了算法效率分析的数学模型。例如，在估算法时间复杂度时，只需要找出算法中的基本操作，以及基本操作的执行次数，即可大致估算一个算法执行时间的数量级。一般来讲，算法和程序实现中都涉及复杂逻辑和大量操作，难以精确计算和完备覆盖。因此，估计算法的时间复杂度实际上是在估算算法的时间消耗，是一个抓住主要矛盾、忽略次要因素的过程。

4. 算法的设计目标

算法设计的目标主要包括正确性、可读性、健壮性和算法效率 4 个方面，其中算法效率主要通过算法的时间复杂度和空间复杂度来描述。

一般地，具有丰富算法设计和分析经验的人员，甚至在算法设计的初期就可以估计出算法的时间复杂度和空间复杂度，然后通过估算与分析进行算法的优化和完善，对于提高算法的效率非常有利。

实验内容篇

第 3 章　线　性　表

线性表是一种基础且重要的线性结构,具有线性结构的典型特征。通过对线性表基本概念、存储结构和运算操作的简要介绍,读者可掌握开展线性表实验的基本知识和思路。本章设计了验证性实验、设计性实验和综合性实验,读者可以结合个人的技术储备和需求情况,选择合适的实验内容进行实验并分析。

3.1　基　本　概　念

1. 线性表的定义

线性表是具有 $N(N \geqslant 0)$ 个相同数据类型的数据元素的有限序列。其中,N 表示线性表的长度,即数据元素的个数。$N = 0$ 时该线性表为空表,不包含任何元素。线性表表示为 $L = (a_1, a_2, \cdots, a_n)$。

2. 线性表的特征

(1) 线性表是最基本、最常用的一种线性结构,也是其他数据结构的基础,如顺序表、单链表。

(2) 除第 1 个元素无直接前驱,最后一个元素无直接后继以外,其他每个基本元素都有一个唯一的前驱和后继。

3. 线性表的位序

对于线性表 L,$L = (a_1, a_2, \cdots, a_i, \cdots, a_n)$,$a_i$ 是线性表 L 的第 i 个元素,那么 i 是数据元素 a_i 在线性表 L 中的位序。

3.2　存　储　结　构

线性表的存储结构分为顺序和链式两种存储结构。前者称为顺序表,后者称为链表(单链表)。

1. 顺序表

顺序表是指用一组地址连续的存储单元依次存储线性表的数据元素，称为线性表的顺序存储结构。它以"物理位置相邻"来表示线性表中数据元素间的逻辑相邻关系，这样，线性表中第 1 个元素的存储位置就是计算机分配给顺序表的存储位置，第 $i+1$ 个元素的存储位置紧接在第 i 个元素的位置的后面，因此可随机存取表中任一元素。假设线性表的真实存储地址为 LOC(A)，顺序表的存储结构如图 3.1 所示。其中，sizeof(ElemType) 为一个数据元素所占字节数。

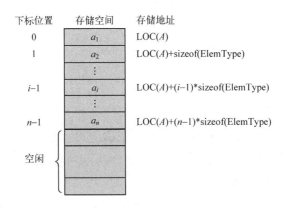

图 3.1　顺序表存储结构示意图

2. 链表

链表是指用一组任意的存储单元存储线性表中的数据元素，称为线性表的链式存储结构。它的存储单元可以是连续的，也可以是不连续的。在表示数据元素之间的逻辑关系时，除了存储其本身的信息之外，还需存储一个指示其直接后继的信息，这两部分信息组成数据元素的存储映像，称为结点（Node）。它包括两个域：存储数据元素信息的域称为数据域；存储直接后继存储地址的域称为指针域。链表有单链表、双链表和循环链表等形式，具体说明如下：

（1）单链表：结点由数据域和一个指针域组成，该指针域指向后继结点。

（2）双链表：结点由数据域和两个指针域组成，两个指针域分别指向前驱结点和后继结点。

（3）循环链表：表中尾结点指针域指向表头结点，整个链表为环状。循环链表包含循环单链表和循环双链表。

（4）静态链表：数组的元素由两个数据域组成，data 和 cur。每个数组元素的下标就是存放该数组元素的地址。数据域 data 用来存放数据元素；游标 cur 相当于单链表中的 next 指针，存放该元素的后继在数组中的地址及下标值。

链表的存储结构如图 3.2 所示。

图 3.2　链表存储结构示意图

3. 典型链表结构的比较

链表的结构不同，其所需要的存储空间和操作方法也不尽相同。几种典型链表结构的优缺点对比如表 3.1 所示。

表 3.1　典型链表结构比较

链表结构	优点	缺点
单链表	（1）找到数据元素插入位置或删除结点前驱的前提下，插入和删除速度比顺序表要快； （2）查找后继结点方便； （3）无需预分配空间，元素个数任意	（1）只能正向查找，查找数据元素的速度相较顺序表要慢； （2）无法随机存取
双向链表	除了具有单链表的优点之外，其查找数据元素可以反向查找前驱结点，一定程度上提升查找数据元素的速度	存储单元需要记录前驱结点的地址，增加额外的内存空间开销
循环链表	遍历可从任意结点开始，增加了遍历的灵活性	查找数据元素速度较慢
静态链表	插入、删除操作无需移动元素，只需修改游标	（1）与顺序表一样没有解决表长难以确定的问题； （2）查找速度与单链表相同，速度较慢； （3）无法随机存取

4. 线性表的结构定义

（1）顺序表的结构定义。

```
#define maxsize 100
typedef struct
```

```
{
    ElemType data [maxsize];              //数组静态分配
    int length;
}Sqlist;                                  //顺序表的结构体
```

（2）单链表结点定义。

```
typedef struct LNode
{
    ElemType data;                        //存储链表数据
    struct LNode *next;                   //存储结点的地址
} LNode, *LinkList;
```

（3）双向链表结点定义。

```
typedef struct DuLNode
{
    ElemType data;
    struct DuLNode *prior;
    struct DuLNode *next;
} DuLNode, *DuLinkList;
```

（4）静态链表结点定义。

```
#define maxsize 100
typedef struct DNode
{
    ElemType data;
    int cur;
} SLinkList[maxsize];
```

3.3 运 算 操 作

线性表的操作主要包括初始化、创建、查找、插入和删除等，本节分别从顺序表、单链表、双向链表和双向循环链表的角度，给出查找、插入和删除的主要代码，为后续上机实验提供基础。

1. 顺序表的基本操作

（1）查找算法。

```
int LocateElem(Sqlist L, ElemType e)
{
    //按值查找操作
    int i;
    for (i = 1; i <= L.length ; i++)
    if (e == L.data[i-1])                    //成功找到该元素
        return i;
    return 0;
}
```

（2）插入算法。

```
int Insert(Sqlist &L, int p, ElemType e)
{
    int i;
    if (p < 1 || p > L.length + 1 || L.length >= maxsize)
    //插入位置不合法，且表长不能大于最大下标
        return 0;
    for (i = L.length-1; i >= p-1; --i)
        L.data[i+1] = L.data[i];             //结点向后移动，让出一个位置
        L.data[p-1] = e;
        ++L.length;
    return 1;
}
```

（3）删除算法。

```
int Delete(Sqlist &L, int i, ElemType &e)
    //删除表 L 的第 i 个数据的元素
{
    if (i < 1 || i > L.length)          //i 值不合法
        return 0;
    e = L.data[i-1];                         //删除第 i 个元素赋给 e
    for (int j = i; j<= L.length-1; j++)
        L.data[j-1] = L.data[j];             //第 i+1 至表尾元素依次前移
        --L.length;                          //表长减 1
    return 1;
}
```

2. 单链表的基本操作

（1）查找算法。

```
int GetElem_L(LinkList L, int i, ElemType &e)
{
    //带头结点的单链表，按位序查找操作，由 e 返回其值
    LinkList p = L->next;
    int j = 1;                          //初始化，p 指向首结点，j 为计数器
    while (p && j != i)
    {
        //顺着指针向后查找，直到 p 指向第 i 个元素或 p 为空
        p = p->next;
        ++j;
    }
    if (!p || j > i)
        return 0;                       //第 i 个元素不存在，则返回 0
    e = p->data;                        //取第 i 个元素
    return 1;
}
```

（2）插入算法。

```
int ListInsert_L(LinkList &L, int i, ElemType e)
{
    //带头结点的单链表，在第 i 个位置插入新元素 e
    LinkList p, s;
    int j;
    p = L; j = 0;                       //初始化指针 p
    while (p->next && j < i-1)
    {
        p = p->next;                    //指针 p 后移
        j++;
    }
    if (j != i - 1)
        return 0;
    if ((s = (LNode*) malloc (sizeof(LNode))) == NULL)
        exit (1);                       //向内存申请结点 s 的空间，失败返回
    s->data = e;                        //获取待插入元素 e
    s->next = p->next;                  //将结点 s 插入结点 p 之后
    p->next = s ;
    return 1;
}
```

（3）删除算法。

```
int ListDelete_L(LinkList &L, int i, ElemType&e)
{
    //带头结点的单链表，删除第 i 个元素，由 e 返回其值
    LinkList p = L;
    int j = 0;
    while (p->next && j< i - 1)
    {
        //找到第 i 个结点，并将 p 指向其前驱结点
        p = p->next;
        ++j;
    }
    If (!(p->next) || j > i - 1)   //删除位置不合法，返回 0
        return 0;
    LinkList q = p->next;          //保存第 i 个结点的地址
    p->next = q->next;             //修改指针指向下一个结点
    e = q->data;                   //返回第 i 个结点的值
    free(q);                       //释放结点
    return 1;
}
```

3. 双向链表的基本操作

（1）查找算法。

```
int Findnode (DuLinkList L, ElemType e)
{
    //在带头结点的双向链表中查找值为 e 的位序
    DuLinkList p = L->next;
    int i = 1;
    while (p != NULL && p->data != e)
    {
        i++;
        p = p->next;                //指针后移
    }
    if (p == NULL)                  //表为空则返回 0
        return 0;
    else
        return i;                   //表不为空返回 i
}
```

（2）插入算法。

```
int DuLink_ListInsert(DuLinkList L, ElemType e)
{
    //在带头结点的双向链表中，采用尾插法插入元素
    DuLinkList p = L, q;
    while (p->next != NULL)
    {
        p = p->next;
    }
    q = (DuLNode *) malloc (sizeof(DLNode));
                                    //建立要插入的结点 q
    If (q == NULL)
        return 0;
    q->data = e;                    //获取结点 q 对应的数据
    q->prior = p;                   //将 q 结点的前驱指向 p
    p->next = q;                    //将 p 结点的后继指向 q
    q->next = NULL;                 //将 q 的后继结点记为空
    return 1;
}
```

（3）删除算法。

```
int DuLink_ListDestroy(DuLinkList &L, int i, ElemType &e)
{
    //在带头结点的双向链表中删除第 i 个元素
    int j = 0;
    DuLinkList p, q;
    p = L;
    while (j < i && p != NULL)
    {
        j++;
        p = p->next;
    }
    if (p == NULL)
        return 0;
    else
    {
        q = p;                      //删除 q 结点
        p = p->prior;
        p->next = q->next;
```

```
        q->next->prior = p;
        free(q);
        return 1;
    }
}
```

4. 双向循环表的基本操作

（1）插入算法。

```
int ListInsert_DuL(DuLinkList&L, int i, ElemType e)
{
    DuLinkList p, s;
    //在带头结点的双向循环链表 L 中第 i 个位置前插入元素 e
    if (i < 1)                          //i 值不合法
        return 0;
    DuLinkList p = L->next;
    int j = 1;
    while (p != L&&j<i)
    {
        p = p->next;                    //指针后移
        j++;
    }
    if (p == L)                         //i 大于链表长度
        return 0;
    if (!(s = (DuLinkList) malloc (sizeof(DuLNode))))
        return 0;                       //申请空间失败则返回 0
    s->data = e;                        //生成新结点
    s->prior = p->prior;
    p->prior->next = s;
    s->next = p;
    p->prior = s;                       //插入 L 中
    return 1;
}
```

（2）删除算法。

```
int ListDelete_DuL(DuLinkList &L, int i, ElemType &e)
{
    DuLinkList p;
    //在带头结点的双向循环链表 L 中，删除第 i 个元素，并由 e 返回其值
```

```
    if (i < 1)                          //i 值不合法
        return 0;
    DuLinkList p = L->next;
    int j = 1;
    while (p != NULL && j<i)
    {
        p = p->next;                    //指针后移
        j++;
    }
    if (p == NULL)                      //i 大于链表长度
        return 0;
    p->prior->next = p->next;
    p->next->prior = p->prior;          //删除结点
    free(p);                            //释放结点
    return 1;
}
```

3.4 上机实验——实验一

上机实验包括验证性实验、设计性实验和综合性实验 3 类。读者可以结合自身的程序设计基础，选择一类或几类进行实验。如果选择验证性实验（包括顺序表的基本操作和链表的基本操作），需要完成全部内容。下面对 3 类实验的具体内容进行介绍。

3.4.1 验证性实验

1. 顺序表的基本操作

1）问题描述

设计算法，实现顺序表的基本操作：初始化、求表的长度、取结点、定位运算、删除运算、输出顺序表等。

2）基本要求

（1）从键盘输入 10 个整数，建立顺序表。

（2）从键盘输入一个整数，在顺序表中查找该整数的位置。若找到，输出整数的位置；若找不到，则显示"无此整数"。

（3）从键盘输入两个整数，一个表示欲插入的位置 i，另一个表示欲插入的整数，值为 x；将 x 插入对应位置上；输出顺序表所有结点值，观察输出结果。

（4）从键盘输入一个整数，表示欲删除整数在顺序表中的位置；删除该结点；输出顺序表所有结点值，观察输出结果。

（5）要求程序通过一个主菜单进行控制，在主菜单界面通过选择菜单项的序号来调用各功能函数。

2. 链表的基本操作

1）问题描述

设计算法，实现链表的基本操作：初始化、求表的长度、取结点、定位运算、插入运算、删除运算、输出链表等。

2）基本要求

（1）从键盘输入 10 个字符并以$结束，建立链表。

（2）从键盘输入一个字符，在链表中查找该字符所在的位置。若找到，输出字符的位置；若找不到，则显示"无此字符"。

（3）从键盘输入一个整数，表示欲插入的位置 i，再输入一个字符 x；将 x 插入 i 表示的位置上；输出链表所有结点值，观察输出结果。

（4）从键盘输入一个整数，表示欲删除结点的位置；删除该结点；输出链表所有结点值，观察输出结果。

（5）要求程序通过一个主菜单进行控制，在主菜单界面通过选择菜单项的序号来调用各功能函数。

3.4.2　设计性实验

1. 集合的交、并、差运算的实现

1）问题描述

建立有序单链表表示的集合 A 和 B，设计算法并编写程序，实现集合的交、并和差运算。

2）基本要求

（1）集合 A 和 B 分别用有序单链表进行存储。

（2）从键盘输入 m 个元素，建立集合 A 的有序单链表。

（3）从键盘输入 n 个元素，建立集合 B 的有序单链表。

（4）实现集合 A 和 B 的交、并、差运算时，不额外申请存储空间。

（5）运算结果保留在单链表 A 中，输出集合 A 和 B 及运算结果。

（6）充分利用单链表的有序性，使算法具有较好的时间性能。

（7）要求程序通过一个主菜单进行控制，在主菜单界面通过选择菜单项的序号来选择输入集合，以及集合的交运算、并运算、差运算。

3）提示

建立带头结点的有序单链表表示集合 A 和 B 时，集合元素的输入顺序为降序排列，便于在头结点之后插入，算法不用额外设链表的尾指针。

4）思考

如果建立的单链表是无序的，集合的交、并和差运算如何实现？

2. 按给定规则合并单链表

1）问题描述

设线性表 $A = (a_1, a_2, \cdots, a_m)$，$B = (b_1, b_2, \cdots, b_n)$，编写一个合并表 A 和 B 为表 C 的算法。要求按如下规则进行合并：$C = (a_1, b_1, a_2, b_2, \cdots, a_m, b_m, b_{m+1}, \cdots, b_n)$ 或 $C = (a_1, b_1, a_2, b_2, \cdots, a_n, b_n, a_{n+1}, \cdots, a_m)$。线性表 C 以单链表为存储结构，表 C 利用表 A 和 B 的结点空间构成。

2）基本要求

（1）编写单链表的初始化函数、单链表创建函数及输出函数。

（2）编写合并函数。

（3）在主函数中调用其他函数进行调试运行。

（4）充分利用已有的存储结构，不额外申请存储空间。

3）提示

线性表 A 和 B 的长度分别为 m 和 n，可能 $m>n$、$m = n$ 或 $m<n$。

4）思考

如果线性表 A 和 B 是有序的，如何合并为有序的线性表 C？

3.4.3　综合性实验

1. 查找链表中倒数第 k 个位置上的结点

1）问题描述

已知一个带有表头结点的单链表，假设该单链表仅给出了头指针 list，在不改变链表的前提下，请设计一个尽可能高效的算法，查找链表中倒数第 k 个位置的结点（k 为正整数）。若查找成功，输出该结点 data 域的值，并返回 1；否则只返回 0。

2）基本要求

（1）从键盘输入 k 值，若 k 非正整数，提示输入错误，并允许重新输入。

（2）描述算法的基本设计思想。

（3）描述算法的详细实现步骤。

（4）使用程序设计语言实现算法。

3）提示

（1）注意 k 应小于等于链表长度。

（2）定义两个指针变量 p 和 q，初始时均指向头结点的下一个结点，p 指针沿链表移动；当 p 指针移动到第 k 个结点时，q 指针开始与 p 指针同步移动；当 p 指针移动到最后一个结点时，q 指针所指向的就是倒数第 k 个结点。以上过程，只对链表进行一次扫描。

4）思考

如何优化设计，使算法更加高效？

2．约瑟夫环问题

1）问题描述

学校现有 20 名男羽毛球队员和 20 名女羽毛球队员，现抽取 20 人参加校内表演赛活动。教练想了一个办法，40 个人围成一个圆圈，从第 1 个人开始依次报数，报到 9 时停止报数，报数 9 的人出列参加表演赛，再从该队员的下一个人起从 1 开始报数，报到 9 时再次停止报数，该次报数 9 的人也出列参加表演赛。以此规律重复下去，直到选出 20 个人为止。请问采用什么样的方法，才能保证每次出列的人都是男羽毛球队员？并输出该出列顺序。

2）基本要求

（1）建立数学模型，确定存储结构。

（2）对任意 n 个人，报数的数字为 m，实现约瑟夫环问题。

（3）出列的顺序可以依次输出，也可以用一个数组存储。

3）思考

采用顺序存储结构如何实现约瑟夫环问题？

3. 约瑟夫双向环问题

1）问题描述

某公司的一个部门开展"岗位大练兵、业务大比武"活动，共有 20 名员工报名参加。由于报名人数较多，为了比赛更好地进行，需要将员工平均分为两组（即一组和二组），初始默认 20 名员工全部在第一组，并按报名顺序编号。为了体现公平性，以如下方式随机指定人员进行小组分配。首先，20名员工围成一圈，从序号为 1 的员工开始，先顺时针报数，数到第 5 人时，将其分配至第二组；然后，从该员工的下一个人开始，再逆时针报数，数到第 3 人时，将其分配至第二组，并从该员工的下一个人开始再顺时针报数，数到第 2 人时，将其也分配至第二组。按上述规则如此循环往复，直至第一组只剩下 10 名员工。请问，哪些位置的员工将会分配至第二组？

2）基本要求

（1）建立数学模型，确定存储结构。

（2）对任意 n 名员工，选择任意的正向离开间隔数 m，反向离开间隔数 k，实现约瑟夫双向环问题，其中，$0<m<n$，$0<k<n$。

（3）所有员工的序号作为一组数据，要求存放在某种数据结构中。

3）提示

约瑟夫双向环使用单循环链表作为线性存储结构时，只能正向计结点数，反向计数比较困难，算法较为复杂，而且效率低。

4）思考

如何设计数据结构，使算法尽可能高效？

第4章 栈 和 队 列

本章主要介绍两种重要的线性结构：栈和队列。它们的本质也是线性表，是两类特殊的线性表，其特殊性在于操作受限。本章主要介绍栈和队列的基本概念、定义和特点，以及在不同存储结构下的实现。最后给出上机实验的参考题目，可根据个人的实际情况和需要选择进行实验。

4.1 基 本 概 念

1. 栈的定义

栈是一种只允许在一端进行插入或删除操作的线性表，栈 $S = (a_1, a_2, \cdots, a_n)$。其中，允许进行插入或删除操作的一端称为栈顶（top），而另一端称为栈底（bottom），栈底是固定不变的。栈顶由一个称为栈顶指针的位置指示器来表示，它是随着栈中元素的操作而动态变化的，因此栈顶是浮动的。栈中不含有任何元素时称为空栈，栈的插入操作称为入栈或进栈，栈的删除操作称为出栈或退栈。栈的示意图如图 4.1 所示。

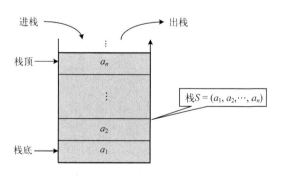

图 4.1　栈的示意图

2. 栈的特点

栈的特点是后进先出（Last In First Out, LIFO），即后进栈的元素先出栈，也可以称为先进后出（First In Last Out, FILO）。因此，栈又称为后进先出的线性表，就像子弹的弹夹，后压入的子弹最先射出。

3. 队列的定义

队列简称队，它也是一种操作受限的线性表，其限制为仅允许在表的一端进行插入，而在表的另一端进行删除。进行插入的一端称为队尾（rear），进行删除的一端称为队头（front）。向队列中插入新元素称为进队，新元素进队后就成为新的队尾元素；从队列中删除元素称为出队，元素出队后，其后继元素就成为新的队头元素。队列的示意图如图 4.2 所示。

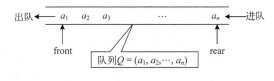

图 4.2　队列的示意图

4. 队列的特点

队列的特点是先进先出（First In First Out, FIFO）或者是后进后出（Last In Last Out, LILO），即先进队的元素先出队。因此，队列又称为先进先出的线性表。可以将一个单行道的大桥看成一个队列，车队中的每个车辆就是队列中的元素，最先进入大桥的车总是最先驶出大桥。

4.2　存　储　结　构

1. 栈的存储结构

栈有两种存储结构：顺序存储结构和链式存储结构。在这两种存储结构下的栈分别称为顺序栈和链栈。

栈的顺序存储结构如图 4.3 所示。

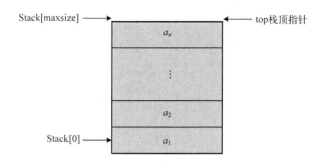

图 4.3　栈的顺序存储结构示意图

1）顺序栈的结构体定义

```
typedef struct
{
    int data[maxsize];      //存放栈中元素，maxsize 是已定义的常量
    int top;                //栈顶指针
} SqStack;                  //顺序栈结点类型定义
```

2）顺序栈的要素

对于定义的顺序栈 st，一共有 5 个要素，包括 3 个状态和 2 个操作。

（1）栈空状态：当 st.top == 0 时，为栈空状态。

（2）栈满状态：当 st.top == maxsize 时，为栈满状态，maxsize 表示栈中元素的最大数目。

（3）非法状态：包括上溢和下溢的状态。在栈满状态下，若继续执行入栈操作就会上溢；在栈空状态下，继续执行出栈操作就会下溢。

（4）元素 x 进栈操作：由于栈空状态是 st.top == 0，因此元素进栈时，先放入元素，再移动指针。

（5）元素 x 出栈操作：由于栈满状态是 st.top == maxsize，出栈的时候必须先移动指针，再取出元素。

栈的链式存储结构如图 4.4 所示。

3）链栈的结构体定义

```
typedef struct LiStack
{
    int data;                    //数据域
    struct LiStack *next;        //指针域
} LiStack;                       //链栈结点类型定义
```

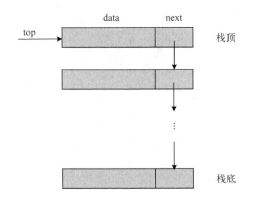

图 4.4　栈的链式存储结构示意图

4）链栈的要素

和顺序栈对应，对于定义的带头结点的链栈 lst，共有 4 个要素，包括两个特殊状态和两个操作。

（1）栈空状态：对于链栈 lst，当 lst -> next == NULL 时，为栈空状态。

（2）栈满状态：在内存足够的情况下，链栈不存在栈满的情况。

（3）元素 x 进栈操作：利用线性表中的头插法，在链表中的第 1 个结点之前插入元素 x。

（4）元素 x 出栈操作：删除单链表的第 1 个结点的操作。

2. 队列的存储结构

队列也有两种存储结构：顺序存储结构和链式存储结构，在这两种存储结构下的队列分别称为顺序队列和链队列。

队列的顺序存储结构如图 4.5 所示。

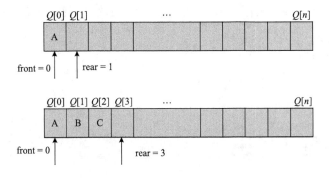

图 4.5　队列的顺序存储结构示意图

1）顺序队列的结构体定义

```
typedef struct
{
    int data[maxsize];
    int front;                      //队首指针
    int rear;                       //队尾指针
} SqQueue;                          //顺序队结点类型定义
```

2）循环队列的要素

对于定义的循环队列 qu，一共有 4 个要素，包括两个特殊状态和两个操作。

（1）队空状态：qu.rear == qu.front。

（2）队满状态：(qu.rear+1) % maxsize == qu.front。

（3）进队操作（移动队尾指针）：qu.data[qu.rear] = x; qu.rear = (qu.rear+1) % maxsize。

（4）出队操作（移动队首指针）：x = qu.data[qu.front]; qu.front = (qu.front+1) % maxsize。

队列的链式存储结构如图 4.6 所示。

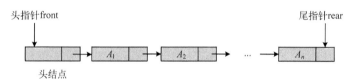

图 4.6　队列的链式存储结构示意图

3）链队列结点类型定义

```
typedef struct QNode
{
    int data;                       //数据域
    struct QNode *next;             //指针域
} QNode;                            //链队列结点类型定义
```

4）链队列类型定义

```
typedef struct LiQueue
{
    QNode *front;                   //队头指针
    QNode *rear;                    //队尾指针
```

```
} LiQueue;                              //链队列结点类型定义
```

5）链队列的要素

对于定义的链队列 lqu，一共有 4 个要素，包括两个特殊状态和两个操作。

（1）队空状态：lqu -> rear == NULL 或者 lqu -> front == NULL。

（2）队满状态：在内存足够大的情况下，不存在队满状态。

（3）结点 p 进队操作：lqu->rear->next = p; lqu->rear = p; p->next = NULL。

（4）结点出队操作：出队元素保存在 x 中，p = lqu->front; lqu->front = p->next; x = p->data; free(p)。

4.3　运 算 操 作

栈和队列是操作受限的线性表，两者的操作不同。栈的操作针对顺序栈和链栈，主要包括初始化、判空、进栈、出栈和取栈顶元素等。队列的操作针对顺序队列、循环队列和链队列，主要包括初始化、判空、进队、出队等。本节给出上述主要操作的代码，为后续上机实验提供参考。

1．顺序栈的基本操作

（1）初始化栈算法。

在给定的结构体中，只需要将栈顶指针变量置为 0，即可完成初始化操作。

```
void InitStack (SqStack &st)            //初始化栈
{
    st.top = 0;                         //只需要将栈顶指针设置为 0
}
```

（2）判断栈空算法。

判断是否为空时，仅需要判断栈顶指针的位置是否为 0，若为 0 则为空，此时返回 1，否则返回 0。

```
int StackEmpty (SqStack st)
{
    if (st.top == 0)
        return 1;
    else
        return 0;
}
```

（3）进栈算法。

在进栈操作时，需要先将元素进栈，再移动指针。当元素 x 成功进栈时，返回 1，否则返回 0。

```
int Push (SqStack &st, int x)
{
    if(st.top == maxsize)
        return 0;                    //若栈为满则返回 0，不能进栈
    st.data[st.top] = x;             //元素 x 进栈
    ++(st.top);                      //栈顶位置变量加 1
    return 1;
}
```

（4）出栈算法。

先移动指针，再取出元素。当栈顶元素出栈成功时，返回 1，把栈顶元素保存在 x 中，否则返回 0。

```
int Pop (SqStack &st, int &x)
{
    if (st.top == 0)
        return 0;                    //若栈为空则返回 0
    --(st.top);                      //栈顶位置变量减 1
    x = st.data[st.top];             //元素出栈
    return 1;
}
```

（5）读取栈顶元素算法。

当读取栈顶元素成功时，返回 1，把栈顶元素保存在 x 中，否则返回 0。

```
int GetTop (SqStack &st, int &x)
{
    if (st.top == 0)
        return 0;                    //若栈为空则返回 0
    x = st.data[st.top-1]            //获取栈顶元素
    return 1;
}
```

2. 链栈的基本操作

（1）初始化栈算法。

```
void InitStack (LiStack *&lst)
```

```
{
    lst = (LiStack *) malloc (sizeof (LiStack));
                                    //为表头申请内存空间
    lst ->next = NULL;              //初始化
}
```

（2）判断栈空算法。

当栈为空时返回 1，否则返回 0。

```
int StackEmpty (LiStack *lst)
{
    if (lst->next == NULL)
        return 1;                   //若栈为空，返回1
    else
        return 0;
}
```

（3）进栈算法。

实际上是利用头插法添加链表结点。

```
void Push (LiStack *&lst, int x)
{
    LiStack *p;
    p = (LiStack *) malloc (sizeof(LiStack));
                                    //为进栈元素申请结点空间
    p->data = x;
    p->next = lst->next;            //插入*p结点作为第1个数据结点
    lst->next = p;
}
```

（4）出栈算法。

在栈不为空的情况下返回 1，否则返回 0。

```
int Pop (LiStack *&lst, int &x)
{
    LiStack *p;
    if (lst->next == NULL)
        return 0;                   //若栈为空则返回0
    p = lst->next;                  //p指向第1个数据结点
    x = p->data;                    //把栈顶元素的值赋值给x
    lst->next = p->next;
    free (p);
```

```
    return 1;
}
```

（5）读取栈顶元素算法。

在栈不为空的情况下返回 1，否则返回 0。

```
int GetTop (LiStack *&lst, int &x)
{
    LiStack *p;
    if (lst->next == NULL)
        return 0;                  //若栈为空则返回 0
    p = lst->next;                 //p 指向第 1 个数据结点
    x = p->data;                   //把栈顶元素的值赋值给 x
    return 1;
}
```

3. 顺序队列基本操作

在顺序队列中，通常让队尾指针 rear 指向队尾元素的下一个位置，让队首指针 front 指向队首的元素位置。因此元素进队时，rear 要向后移动；元素出队时，front 也要向后移动。这样经过一系列的出队和进队操作后，队首指针 rear≥front > 0，而队尾指针来到数组末端位置 maxsize−1 处，此时队中 0 至 front 下标之间有空间但无法实现进队操作，这就是"假溢出"。要解决这个问题，可以把数组看作一个环，让 rear 和 front 沿着环走，这样就不会出现"假溢出"的情况了。这称为循环队列，循环队列是改进的顺序队列。下面的顺序队列代码都是根据循环队列的逻辑来编写的。

（1）初始化队列算法。

```
void InitQuene (SqQueue &qu)
{
    qu.front = qu.rear = 0;        //队首和队尾指针重合，都指向 0
}
```

（2）判断队空算法。

如果队列为空，则返回 1，否则返回 0。

```
int QueueEmpty (SqQueue qu)
{
    if(qu.front == qu.rear)
    //若队首和队尾重合，则队列为空，则返回 1
```

```
        return 1;
    else
        return 0;
}
```

（3）元素进队算法。

如果进队成功则返回 1；如果队满，则进队失败，返回 0。

```
int EnQueue (SqQueue &qu, int x)
{
    if ((qu.rear+1) % maxsize == qu.front)
        return 0;                          //若队满，则不能进队，返回 0
    qu.data[qu.rear] = x;                  //元素 x 添加到队尾
    qu.rear = (qu.rear+1) % maxsize;       //移动队尾指针
    return 1;
}
```

（4）元素出队算法。

如果队列不空，则出队成功，把队首元素保存在 x，返回 1；如果队列为空，则出队失败，返回 0。

```
int DeQueue(SqQueue &qu, int &x)
{
    if (qu.front == qu.rear)
        return 0;                          //若队空，则不能出队，返回 0
    x = qu.data[qu.front];                 //出队元素赋值给 x
    qu.front = (qu.front+1) % maxsize;
                                           //若队不空，则先移动队首指针
    return 1;
}
```

4. 链队列基本操作

（1）初始化队列算法。

```
void InitQueue (LiQueue *&lqu)
{
    lqu -> front = lqu -> rear = (LiQueue *) malloc (sizeof(QNode));
    lqu->front->next = NULL;               //队尾指针的后继赋值为 NULL
}
```

（2）判断队空算法。

如果队列是空，则返回 1，否则返回 0。

```
int QueueEmpty (LiQueue *lqu)
{
    if (lqu->front == lqu->rear)
        return 1;                    //队首和队尾指针相同，队列为空
    else
        return 0;
}
```

（3）进队算法。

```
void EnQueue (LiQueue *lqu, int x)
{
    QNode *p;
    p = (QNode *) malloc (sizeof(QNode));
    p->data = x;   p->next = NULL;
    lqu->rear->next = p;   //若队列不为空，将*p结点链接到队尾
    lqu->rear = p;         //队尾指针指向 p
}
```

（4）出队算法。

如果队列为空，则出队失败，返回 0；否则出队成功，返回 1。

```
int DeQueue (LiQueue *lqu, int &x)
{
    QNode *p;
    if (lqu->front == lqu->rear)        //队列为空则返回 0
        return 0;
    p = lqu->front->next;               //令 p 指向第 1 个数据结点
    lqu->front-> next = p->next;
    x = p->data;
    if(lqu->rear == p)                  //队列中只有一个结点
        lqu->rear == lqu->front;
    free (p);                           //释放队首结点
    return 1;
}
```

4.4 上机实验——实验二

上机实验包括验证性实验、设计性实验和综合性实验 3 类。读者可以结合自身程序设计基础，选择一类或者几类进行实验。如果选择验证性实验内容需要全部完成（包括顺序栈、链栈、循环队列、链队列）。本章综合类实验内容较多，可以任选一个实验完成。下面对 3 类实验的具体内容进行详细介绍。

4.4.1 验证性实验

1. 顺序栈

（1）请给出顺序栈的 C 语言描述。

（2）基于上述描述，实现如下基本运算的算法：初始化栈、置空栈、判栈空、判栈满、进栈、出栈、读栈顶元素、输出栈中各元素。

2. 链栈

（1）请给出链栈的 C 语言描述。

（2）基于上述描述，实现如下基本运算的算法：初始化栈、置空栈、判栈空、进栈、出栈、读栈顶。

3. 循环队列

（1）请给出循环队列的 C 语言描述。

（2）基于上述描述，实现如下基本运算的算法：初始化队列、置空队、判队空、判队满、进队、出队、读队首元素、输出循环队列。

4. 链队列

（1）请给出链队列的 C 语言描述。

（2）基于上述描述，实现如下基本运算的算法：初始化队列、置空队、判队空、进队、出队、读队首元素。

4.4.2 设计性实验

1. 表达式求值问题

1）问题描述

表达式求值是程序设计语言中一个最基本的问题，具体要求是以字符序列的形式从终端输入语法正确的、不含变量的整数表达式。人们的书写习惯是中缀表达式，中缀表达式的计算按运算符的优先级及括号优先的原则，相同级别的从左到右进行计算。算术表达式的求解方法是将算术表达式转换成后缀表达式，然后对该后缀表达式求值。例如：中缀表达式 5+(2*(1+6))−8/4 转换为后缀表达式为 5216+*+84/−。

2）基本要求

（1）从文件或键盘读入要求解的表达式字符串，键盘输入表达式以$为结束符。

（2）设计操作数为多位整数，操作符为加、减、乘、除、求模的中缀表达式求值算法。

（3）设计将中缀表达式转换为后缀表达式的算法。

（4）设计后缀表达式求值算法。

（5）输出各种形式的表达式结果，输出格式为先输出输入的表达式，再输出表达式的计算结果。后缀表达式输出时，操作数之间以空格分隔。

（6）要求程序以主菜单的形式进行控制，在主菜单界面通过选择菜单项的序号来实现输入表达式、中缀表达式求值、中缀表达式转换为后缀表达式、后缀表达式求值。

3）思考

如何利用栈只扫描一次就计算出中缀表达式的值？

2. 判断回文问题

1）问题描述

给定一个由多个字符 a 和字符 b 组成的字符串存于字符数组中，该字符串中有一个特殊的字符 X 位于串的正中间（如 ababa…ababXbaba…baaa）。如何判断该字符串是否为回文？

2）基本要求

（1）请描述算法思想。

（2）从键盘输入要判断是否为回文的字符串，并以$结束，建立字符数组。

（3）输出判别的输入字符串，并给出判断结果。

3）思考

（1）能否使用栈解决该问题？如果能，如何求解？

（2）如果输入的字符串保存在一个单向链表中（即无法回退），如何判断该字符串是否为回文？

4.4.3 综合性实验

1. 迷宫问题

1）问题描述

这是心理学中的一个经典问题。心理学家把一只老鼠从一个无顶盖的大盒子的入口处放入，让老鼠自行找到出口出来。迷宫中设置很多障碍阻止老鼠前行，迷宫唯一的出口处放有一块奶酪，吸引老鼠找到出口。

简而言之，迷宫问题是解决从布置了许多障碍的通道中寻找出路的问题。本题设置的迷宫如图 4.7 所示。迷宫四周设为墙；黑色填充处为障碍物，不可通过；无填充处，则可通过。设每个点有 4 个可通过方向，分别为东、南、西、北。迷宫左上角为入口，右下角为出口，只有一个入口，一个出口。设计程序求解迷宫的一条通路。

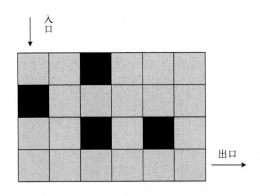

图 4.7　迷宫示意图

2）基本要求

（1）设计迷宫的存储结构。

（2）设计通路的存储结构。

（3）设计求解通路的算法。

（4）设计迷宫和通路的显示方式。

（5）输入：迷宫、入口及出口可在程序中设定，也可从键盘输入。

（6）输出：迷宫、入口、出口及通路路径。

3）思考

（1）若每个点有 8 个试探方向，分别为东、东南、南、西南、西、西北、北、东北，应如何修改程序？

（2）如何求得所有通路？

（3）如何求得最短通路？

2. 火车车厢重排问题

1）问题描述

用于列车编组的铁路转轨网络是一种栈结构，如图 4.8 所示。其中右侧轨道为输入端，左侧轨道为输出端，中间一条为转轨线。当右侧轨道上的车厢编号顺序为 1、2、3、4 时，如果执行操作：进栈、进栈、出栈、进栈、进栈、出栈、出栈、出栈，则在左侧轨道的车厢编号顺序为 2、4、3、1。设计一个算法，输入 n 个整数，表示右侧轨道上 n 节车厢的编号，用上述转轨网络对这些车厢重新编排，使得编号为奇数的车厢都排在编号为偶数的车厢前面。

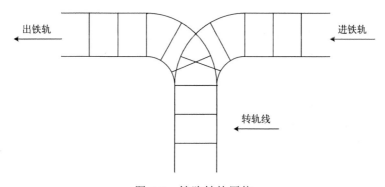

图 4.8　铁路转轨网络

2）基本要求

（1）设计存储结构（提示：将转轨线看成栈，将左侧轨道看成队列）。

（2）设计并实现车厢重排算法。

（3）分析算法的时间性能。

3）思考

（1）对该铁路转轨网络设计一个算法，求出当右侧轨道上 n 节车厢的编号为 1、2、3、…、n 顺序排列时，在左侧轨道上所有可能得到的车厢编号顺序。

（2）对该铁路转轨网络，假设右侧轨道上 n 节车厢的编号序列为 A，左侧轨道上 n 节车厢的编号序列为 B。设计一个算法，判断序列 B 是不是借助转轨线由序列 A 得到的。

3．滑动窗口最大值问题

1）问题描述

给定一个滑动窗口大小为 w 的数组 $A[\ ]$，该滑动窗口从数组的最左边向右边移动。假设只能看到在窗口中的 w 个数字，且每次窗口向右移动一个位置。例如：设数组为[1, 3, −1, −3, 5, 3, 6, 7]，窗口大小 w 为 3。

2）基本要求

（1）输入：一个长数组 $A[\ ]$ 和窗口大小 w。

（2）输出：数组 $B[\ ]$，其中 $B[i]$ 的值为 $A[i]$ 到 $A[i+w-1]$ 之间的最大值。

（3）求出 $B[i]$ 的最佳算法。

4．k 元素逆置问题

1）问题描述

给定一个正整数 k 和一个整数队列，如何把队列中前 k 个元素逆置，其余元素顺序保持不变？例如：当 k 为 4 时，给定一个队列，其中的元素序列为[10, 20, 30, 40, 50, 60, 70]，则输出队列应为[40, 30, 20, 10, 50, 60, 70]。

2）基本要求

（1）针对上述问题，请描述算法思想。

（2）编写程序实现队列中前 k 个元素逆置。

5．背包问题

1）问题描述

假设某海军军舰可以装载物品的总体积为 T，有 n 件体积分别为 m_1、

m_2、…、m_n 的物品，能否从这 n 件物品中挑选若干件正好装满军舰，即 $m_1+m_2+\cdots+m_n = T$。要求找到所有满足上述条件的解。例如：当军舰装载体积为 10，各件物品的体积分别为 $\{1, 2, 3, 4, 6, 7\}$，应找到下列 5 组解：$\{1, 2, 3, 4\}$，$\{1, 3, 6\}$，$\{4, 6\}$，$\{1, 2, 7\}$，$\{3, 7\}$。

2）基本要求

（1）针对上述问题，请描述算法思想。

（2）编写程序实现军舰装载，并输出所有满足上述要求的物品编号解集合。

6. 最大人工岛问题

1）问题描述

在二维地图上（$N{\times}N$ 二进制矩阵），0 代表海洋，1 代表陆地，填海造地，最多只能将一格海洋 0 变成陆地 1。进行填海之后，地图上最大的岛屿面积是多少？（上、下、左、右 4 个方向相连的 1 可形成人工岛屿）。

2）基本要求

（1）针对上述问题，请描述算法思想。

（2）编写程序实现地图上最大的人工岛屿面积的计算并输出。

7. 地图分析问题

1）问题描述

现在有一份由 $N{\times}N$ 大小的网格组成的地图，上面的每个区域（单元格）都用 0 和 1 标记好了，其中 0 代表海洋，1 代表陆地。请找出一个海洋区域，该海洋区域到离它最近的陆地区域的距离是最人的。

上述距离是"曼哈顿距离"（Manhattan Distance）：(x_0, y_0) 和 (x_1, y_1) 这两个区域之间的距离是 $|x_0 - x_1| + |y_0 - y_1|$。如果地图上只有陆地或者海洋，请返回−1。

2）基本要求

（1）针对上述问题，请描述算法思想。

（2）编写程序实现满足上述要求的海洋区域并输出，格式如 (x_i, y_j)。

3）思考

请返回距离陆地区域最远的海洋区域到离它最近的陆地区域的距离。

第 5 章　数组和广义表

前面章中介绍的线性结构中的数据元素都是原子类型，每个元素不可分解。本章所介绍的数据结构属于一种扩展的线性结构，表中的数据元素本身也可以是一个复合类型，而不是原子类型，如数组中的每个元素又可以看作一个数组，又如广义表中的元素本身也可以是另一个广义表。本章主要介绍数组和广义表的基本概念、定义和特点，以及不同的存储表示，最后给出上机实验的参考题目，可根据个人的实际能力和需要选择进行练习。

5.1　基　本　概　念

在矩阵中，有一种特殊的矩阵，称为稀疏矩阵，是指矩阵中大多数元素为零的矩阵。一般地，当非零元素个数只占矩阵元素总数的 5% 或低于这个百分数时，称这样的矩阵为稀疏矩阵。由于稀疏矩阵中存在大量为零的元素，为了节省空间，可以对这类矩阵进行压缩存储。稀疏矩阵压缩存储的方法：只对非零元素分配存储空间，对零元素不分配空间。下面介绍一下稀疏矩阵的两种压缩存储方式：三元组表和十字链表。

1. 三元组表

三元组表只存储稀疏矩阵的非零元素，不存储零元素，以此达到压缩存储的目的。三元组中的每个元素除了存储非零元的值 a_{ij} 之外，还必须记录下它所在的行和列的位置 (i, j)，给出一个三元组 (i, j, a_{ij})，即可唯一确定矩阵的一个非零元素，再将矩阵对应的行列数及非零元素的个数也保存下来，由此便可以确定这个矩阵。

2. 三元组表的表示

一个稀疏矩阵可以用一个三元线性表来表示，即对稀疏矩阵，把它的每个非零元素表示为三元组，并按行号递增排列，则构成稀疏矩阵的三元组线性表。三元组线性表表示的是一个长度为 n，表内每个元素都有 3 个分量的线性表，矩阵的每一个非零元素用一个三元组(row, col, value)表示。如三元组表((0, 2, 3)，(1, 1, 1)，(2, 0, 4)，(3, 3, 5)，(4, 4, 6)，(5, 5, 2))是对如图 5.1 所示的稀疏矩阵 P 的描述。

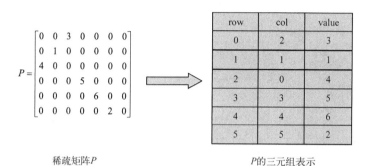

稀疏矩阵P　　　　　　　　　　　　　　　　P的三元组表示

图 5.1　三元组表示稀疏矩阵

3. 十字链表

十字链表是另一种稀疏矩阵的压缩存储方法。矩阵中的每一个非零元素既是某个行链表的一个结点，也是列链表上的一个结点。这种将行的单链表和列的单链表结合起来构成了十字交叉的链表的存储结构称为十字链表。

4. 十字链表的表示

在十字链表中，矩阵的每一个非零元素用一个结点表示，该结点除了(row, col, value)以外，还要有以下两个链域。

（1）down：用于链接同一列中的下一个非零元素。

（2）right：用于链接同一行中的下一个非零元素。

整个结点的结构如图 5.2 所示。

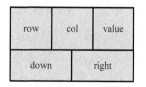

图 5.2　十字链表结点结构

在十字链表存储结构中，矩阵的每一行用一个带头结点的链表表示，每一列也用一个带头结点的链表表示。如图 5.3 所示为一个大小为 3×3 的稀疏矩阵及对应的十字链表，十字链表中最左边的 3 个和最上边的 3 个是头结点数组，仅存储行和列链表的头指针，不存储数据信息。十字链表中除头结点外的结点是存储非零元素的普通结点。

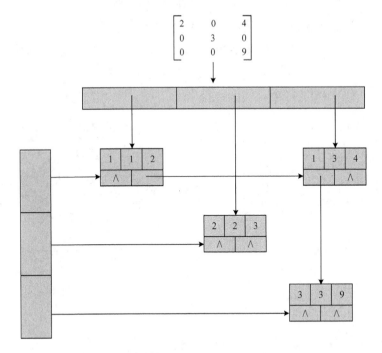

图 5.3　稀疏矩阵及其十字链表存储示例

5. 广义表

广义表是一种特殊的线性数据结构，是线性表的一种推广。广义表中的元素不仅局限于原子结构，还可以是表结构，也可以是它们具有的自身结构。广义表的长度是指表中最上层元素的个数，广义表的深度是指广义表展开后所含括号的层数。

6. 广义表的表示

广义表是一个递归的定义，在描述广义表时又用到了广义表的概念。下面列举部分广义表的例子。

（1）$A = (\ )$：A 是一个空表，其长度为零。

（2）$B = (e)$：表 B 只有一个原子 e，B 的长度为 1。

（3）$C = (a, (b, c, d))$：表 C 的长度为 2，两个元素分别为原子 a 和子表 (b, c, d)。

（4）$D = (A, B, C)$：表 D 的长度为 3，3 个元素都是广义表。显然，将子表的值代入后，则有 $D = ((\ ), (e), (a, (b, c, d)))$。

（5）$E = (a, E)$：这是一个递归的表，它的长度为 2，相当于一个无限深的广义表 $E = (a, (a, (a, (a, \cdots))))$。

5.2　存　储　结　构

1. 三元组表的存储结构

（1）三元组表结点定义

```
typedef struct Node
{
    int i, j, v;                //定义三元组的行号、列号、值
};
```

（2）稀疏矩阵的三元组线性表定义

```
typedef struct SparMatrix
{
    int rows, cols, terms;      //稀疏矩阵的行、列数、非零元素的个数
    struct Node data[terms];    //存放稀疏矩阵的三元组表
};
```

2. 十字链表的存储结构

```
typedef struct OLNode
{
    int row, col, value;        //非零元素的行、列下标，以及值
    struct OLNode *right;       //非零元素所在行表的后继链域
    struct OLNode *down;        //非零元素所在列表的后继链域
} OLNode, *OLink;
typedef struct
{
    OLink *row_head;            //行链表的头指针向量
    OLink *col_head;            //列链表的头指针向量
    int m, n, len;              //稀疏矩阵行数、列数、非零元素的个数
} CrossList;
```

3. 广义表的存储结构

由于广义表$(a_1, a_2, a_3, \cdots, a_n)$中的数据元素可以具有不同的结构（原子或广义表），因此难以用顺序存储结构表示，通常采用链式存储结构，每个数据元素可用一个结点表示。

广义表中有两种数据结点，原子结点和广义表结点，因此，需要两种结构的结点：一种是表结点，用以表示列表，该结点有 3 个域：标记域、头指针域、尾指针域；一种是原子结点，用以表示原子，该结点有 2 个域：标记域、数据域。其中，标记域用来区分当前结点是原子结点还是广义表结点，头指针域指向原子或者广义表结点，尾指针域指向广义表的表尾结点。下面给出广义表的两种存储表示。

（1）头尾链表存储表示

```
typedef enum {ATOM, LIST} ElemTag;
// ATOM = 0，表示原子结点；LIST = 1，表示广义表结点
typedef struct GLNode
{
    ElemTag tag;              //标志位 tag 用来区别原子结点和广义表结点
    union
    {
        AtomType atom;        //原子结点的值域 atom
        struct {struct GLNode *hp, *tp;} ptr;
        //表结点的指针域 ptr，包括表头指针域 hp 和表尾指针域 tp
    };  //原子结点的值域 atom 和表结点的指针域 ptr 的联合体域
} *GList;
```

（2）扩展线性链表存储表示

```
typedef enum {ATOM, LIST} ElemTag;
// ATOM = 0，表示原子结点；LIST = 1，表示广义表结点
typedef struct GLNode
{
    ELemTag tag;              //标志位 tag 用来区别原子结点和表结点
    union
    {
        AtomType atom;        //原子结点的值域
        struct GLNode *hp;    //表结点的表头指针
    };
    struct GLNode *tp;        //指向下一个元素结点
} *GList;
```

5.3　运算操作

数组的相关操作主要通过一维数组等表示和实现，具体操作代码可以参考第 3 章相关内容。本节仅给出广义表求深度、复制的相关代码，为后续上机实验提供基础。

1. 求广义表深度的递归算法

```
int GLsitDepth(GList L)
{
    //采用头尾链表存储结构，求广义表的深度
    if(!L)
    retrun 1;                //空表深度为 1
    if(L->tag == ATOM)
    retrun 0;                //原子深度为 0
    int max,dep;
    GList pp;
    for (max = 0, pp = L; pp; pp = pp->ptr.tp)
    {
        dep = GListDepth(pp->ptr.hp);
                        //求以 pp->ptr.hp 为头指针的子表深度
        if(dep > max)
        max = dep;
    }
    retrun max + 1;          //非空表的深度是各元素的深度的最大值加 1
}//GListDepth
```

2. 复制广义表

```
Status CopyGList(GList &T, GList L)
{
    //采用头尾链表存储结构，由广义表 L 复制得到广义表 T
    if (!L)
    T = NULL;                //复制空表
    else
    {
        if (!(T = (Glist)malloc(sizeof(GLNode)))) //创建表结点
```

```
        return 0;
        T->tag = L->tag;
        if (L->tag ==  ATOM) T->atom = L->atom;  //复制单元素
        else
        {
            CopyGList(T->ptr.hp, L->ptr.hp);
                            //复制广义表 L->ptr.hp 的一个副本
            CopyGList(T->ptr.tp, L->ptr.tp);
                            //复制广义表 L->ptr.tp 的一个副本
        }
    }
return 1;
}
```

5.4　上机实验——实验三

上机实验包括验证性实验、设计性实验和综合性实验 3 类。读者可以结合自身程序设计基础，选择一类或者几类进行实验。如果选择验证性实验内容（包括三元组表、十字链表、广义表）需要全部完成；而设计性实验和综合性实验任选一个实验完成即可。下面对 3 类实验的具体内容进行介绍。

5.4.1　验证性实验

1. 三元组表

（1）请给出三元组表的 C 语言描述。

（2）基于上述描述，实现如下基本运算的算法——建立稀疏矩阵的三元组表的算法、按矩阵的列序转置算法、按矩阵的行序转置算法。

2. 十字链表

（1）请给出十字链表的 C 语言描述。

（2）基于上述描述，实现如下基本运算的算法——建立稀疏矩阵的十字链表的算法、输出稀疏矩阵十字链表的算法。

3. 广义表

（1）请给出头尾链表存储结构的 C 语言实现。

（2）基于上述描述，实现如下基本运算的算法——求广义表的表头、求广义表的表尾、求广义表的长度、求广义表的深度、统计广义表中元素数量、复制广义表。

5.4.2 设计性实验

1. 魔方阵问题

1）问题描述

魔方阵是一个古老的智力问题，古代又称"纵横图"。它是由自然数 1、2、…、n 组成的 $n \times n$ 的方阵（n 为奇数），其中每个元素的值都不相等，且每一行、每一列、每条对角线的累加和都相等，如图 5.4 所示。

2）基本要求

（1）键盘输入魔方阵的行数 n，要求 n 为自然数且为 $n \geqslant 3$ 的奇数，程序首先对所输入的 n 作出判断，如 n 非奇数且 $n < 3$，能给出适当的提示信息。

15	8	1	24	17
16	14	7	5	23
22	20	13	6	4
3	21	19	12	10
9	2	25	18	11

图 5.4　五阶魔方阵示例

（2）根据 n 值及魔方阵生成规则，生成 $n \times n$ 的魔方阵。

（3）输出魔方阵。

3）提示

（1）魔方阵问题求解方法种类较多，本实验中的魔方阵按如下规则生成。首先将 1 放在第 1 行中间列，然后从 2 开始直到 $n \times n$ 为止各数依次按下列规则存放：按 135° 方向（左上方）行走，每个数存放的行比前一个数的行数减 1，列数减 1（如图 5.4 中的 5 阶魔方阵的数字 5 在上一个存放数字 4 的上一行，前一列）；如果行列范围超出矩阵范围，则回绕。例如，存放数字 1 的当前位置是第 1 行，则下一个存放位置应该在第 n 行，列数减 1（如图 5.4 魔方阵中的数字 2，存放位置应该是行减 1 超出范围，列数减 1 回绕，应存放在第 5 行第 2 列）；如果按上面规则，要存放的位置已经有数，或上一个数是第 1 行第 *n* 列时，则把该数放在它前一个数的下面，如图 5.4 魔方阵中，数字 6 应该存放在第 1 行第 3 列，但该位置已经被数字 1 占据，所以 6 就存放在 5 的下面。

（2）回绕可以使用模运算实现，即存放位置的行号 =(上一个数的行号–1+*n*)MOD *n* 和存放位置的列号 =(上一个数的列号–1+*n*)MOD *n*。

（3）建议魔方阵采用数组存储。

4）思考

考虑使用其他生成规则生成魔方阵，如按 45°方向（右上方）行走等。任何算法都有不同的实现方法，可以通过采用不同实现方法来重新实现算法，举一反三。

2. 本科生导师制问题

1）问题描述

目前，在很多高等学校中都实行了本科生导师制。一个班级的学生被分配给若干位导师，每位导师指导 *n* 名学生，如果该导师还同时指导若干名硕士研究生，同时这些研究生也可直接协助指导本科生。本科生导师制问题中导师、研究生和本科生的数据结构，可以由如下广义表形式表示。

（1）导师指导硕士研究生。

(导师, ((研究生 1, (本科生 1,…, 本科生 *m*1)), (研究生 2, (本科生 1,…, 本科生 *m*2))…))

（2）导师不指导研究生。

(导师, (本科生 1,…, 本科生 *n*))

（3）导师的基本信息包括姓名、职称；研究生的基本信息包括姓名、班级；本科生的基本信息包括姓名、班级。

2）基本要求

要求满足以下功能：

（1）建立导师制广义表。

（2）从键盘输入姓名，将该姓名的本科生或研究生插入广义表的相应位置。

（3）从键盘输入姓名，将该姓名的本科生或研究生从广义表中删除。

（4）能够查询导师、本科生（研究生）的情况。

（5）从键盘输入某导师姓名，输出该导师带了多少名本科生或研究生。

（6）从键盘输入某导师姓名，输出该导师所带学生的情况。

（7）要求程序以主菜单的形式进行控制，在主菜单界面通过选择菜单项的序号来实现建立、插入、删除、查询、统计、输出和退出功能。

3）思考

对程序做如下功能完善：

（1）可以将一名学生从一个导师组转到另一个导师组。

（2）可以在同一个导师组内修改本科生的研究生负责人。

（3）当某导师的研究生带本科生时，如果要删除该研究生，可根据情况，将其所指导的本科生平均分配给该导师的其他研究生；如果该导师没有其他研究生，则由该导师直接负责指导。

（4）增加删除导师的功能。

（5）查询时，如果待查询人员是导师，则除了输出本人信息外，还需输出他所指导的学生信息；如果待查询人员是研究生，则除了输出其导师和本人信息外，还需输出他所负责指导的本科生信息。

3.　三元组存储表示与实现问题

1）问题描述

设计实现抽象数据类型"三元组"。每个三元组由任意 3 个实数的序列构成，基本操作包括：创建一个三元组，取三元组的任意一个分量，修改三元组的任意一个分量等。

（1）求三元组的最大分量、最小分量，两个三元组的对应分量做相加或相减。

（2）三元组的各分量同乘一个比例因子、显示三元组、销毁三元组等。

2）基本要求

请编写满足如下要求的程序：

（1）创建一个三元组 A。

（2）取三元组 A 的任意一个分量。

（3）修改三元组 A 的任意一个分量。

（4）求三元组 A 的最大分量。

（5）求三元组 A 的最小分量。

（6）显示三元组 A。

（7）建立三元组 B。

（8）三元组 A 和 B 的对应分量相加。

（9）三元组 A 和 B 的对应分量相减。

（10）三元组 A 和 B 的各分量同乘一个比例因子。

（11）销毁三元组 A 或 B。

3）思考

（1）对于上述操作要求，采用何种存储方式最适合？

（2）三元组抽象数据类型适用的场景操作有哪些？

5.4.3　综合性实验

1. 汉诺塔问题

1）问题描述

在印度，有一个古老的传说：在世界中心贝拿勒斯（在印度北部）的圣庙里，一块黄铜板上插着 3 根宝石针。印度教的主神梵天在创造世界的时候，在其中一根针上从下到上地穿好了由大到小的 64 片金片,这就是所谓的汉诺塔。不论白天黑夜，总有一个僧侣在按照下面的法则移动这些金片，一次只移动一片，不管在哪根针上，小片必在大片上面。当所有的金片都从梵天穿好的那根针上移到另外一根针上时，世界就将在一声霹雳中毁灭，梵塔、庙宇和众生都将同归于尽。

2）基本要求

（1）实现 3 层汉诺塔的递归算法。

（2）观察该算法的步骤总数，输出可能的更优解。

3）提示

（1）建议使用广义表结构实现。

（2）算法实现方法不唯一。

4）思考

对于更多层（如 5 层、7 层等）的汉诺塔问题，如何寻找最优解？

2. 海军军人的重要性问题

1）问题描述

给定一个数据结构，用于保存二战时某国海军舰队军人的上下级结构信息，它包含了军人唯一的 id、重要程度和直系下属的 id。

比如，军人 1 是军人 2 的上级，军人 2 是军人 3 的上级。他们相应的重要程度为 15，10，5。那么军人 1 的数据结构是[1, 15, [2]]，军人 2 的数据结构是[2, 10, [3]]，军人 3 的数据结构是[3, 5, []]。注意虽然军人 3 也是军人 1 的一个下级，但是由于并不是直系下级，所以没有体现在军人 1 的数据结构中。一个军人最多有一个直系上级，但是可以有多个直系下级。

2）基本要求

（1）现在输入一个舰队的所有海军信息及单个军人的 id，返回该军人及其所有下级的重要程度之和。

（2）示例如下：

输入：[[1, 5, [2, 3]], [2, 3, []], [3, 3, []]], 1

输出：11

提示：军人 1 自身的重要程度是 5，他有两个直系下级 2 和 3，而且 2 和 3 的重要程度均为 3。因此军人 1 的总重要程度是 5+3+3 = 11。

3）思考

是否可以使用其他数据结构，使用不同的方法来解决该问题？

第 6 章　树和二叉树

树形结构是典型的非线性结构，是分支关系定义的层次结构。二叉树是一种特殊的树形结构，具有独特的特点，是解决树形结构问题的重要载体。本章首先对树和二叉树的定义、性质、存储结构、运算操作等进行介绍，重点阐述二叉树的遍历、哈夫曼树算法等，然后设计了 3 类上机实验。

6.1　基　本　概　念

1. 二叉树的定义

二叉树是每个结点最多有两个子树的树结构。通常子树被称作"左子树"（Left Subtree）和"右子树"（Right Subtree）。二叉树的示意图如图 6.1 所示。

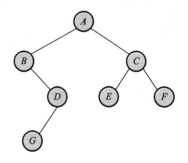

图 6.1　二叉树示意图

2. 二叉树的性质

（1）在非空二叉树中，第 i 层的结点总数不超过 2^{i-1}，$i \geqslant 1$。

（2）深度为 $h(h \geqslant 1)$ 的二叉树最多有 2^h-1 个结点，最少有 h 个结点。

（3）对于任意一棵二叉树，如果其叶结点数为 N_0，而深度为 2 的结点总

数为 N_2，则 $N_0 = N_2+1$。

（4）具有 N 个结点的完全二叉树的深度为 $\lfloor \log_2 N \rfloor +1$。

（5）有 N 个结点的完全二叉树各结点如果用顺序方式存储，则结点之间有如下关系：

设 I 为结点编号，则，

①如果 $I>1$，则其父结点的编号为 $I/2$；

②如果 $2*I \leq N$，则其左孩子（即左子树的根结点）的编号为 $2*I$；若 $2*I>N$，则无左孩子；

③如果 $2*I+1 \leq N$，则其右孩子的结点编号为 $2*I+1$；若 $2*I+1>N$，则无右孩子。

3．二叉树的类型

（1）完全二叉树：若设二叉树的高度为 h，除第 h 层外，其他各层（1～ $h-1$）的结点数都达到最大，第 h 层有叶子结点，并且叶子结点都是从左到右依次排布的，这就是完全二叉树。

（2）满二叉树：除了叶结点外，每一个结点都有左右子树且叶子结点都处在最底层的二叉树。满二叉树的性质是，非空满二叉树的叶结点数等于其分支结点数加 1。

（3）平衡二叉树：又称为 AVL 树（发明者 G.M.Adelsen-Velsky 和 E.M.Landis），区别于 AVL 算法。它是一棵二叉排序树，且具有以下性质：它是一棵空树或它的左右两个子树的高度差的绝对值不超过 1，并且左右两个子树都是一棵平衡二叉树。

3 种类型的二叉树如图 6.2 所示。

4．二叉树的存储结构

二叉树有两种存储结构，分别为顺序存储结构和链式存储结构，常用链式存储结构存储二叉树。本实验采用链式存储结构存储二叉树，存储结构如图 6.3 和图 6.4 所示。

5．哈夫曼树

1）哈夫曼树概念

哈夫曼（Huffman）树是一棵二叉树，树中的每个叶子结点对应一个字符，叶子结点的权重就是对应字符的出现频率。一个叶子结点的加权路径长度定

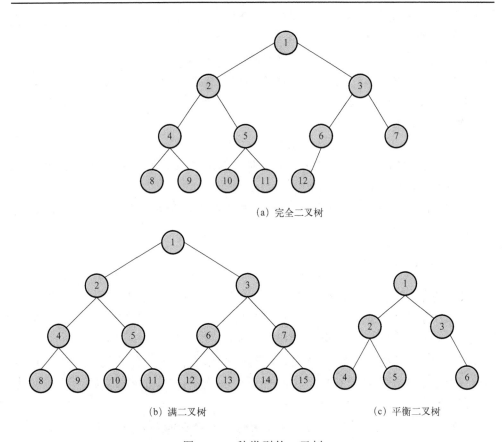

（a）完全二叉树

（b）满二叉树

（c）平衡二叉树

图 6.2　3 种类型的二叉树

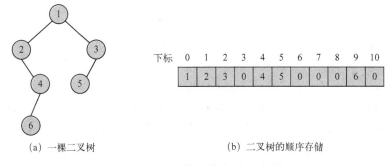

（a）一棵二叉树

（b）二叉树的顺序存储

图 6.3　二叉树顺序存储示意图

义为权重乘深度。Huffman 树是基于最小外部路径权重构建的，即对于给定的叶子结点集合，构造出一个加权路径长度之和最小的二叉树，让权重大的叶结点深度小，让权重小的叶结点深度大，这样就可以达到总路径长度最小。

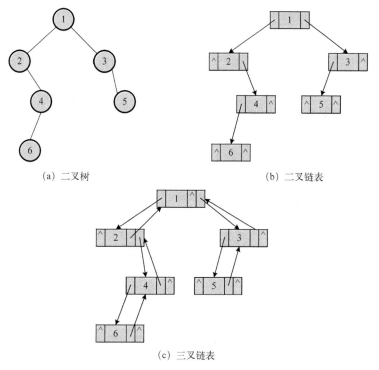

图 6.4　二叉树链式存储示意图

2）建立哈夫曼树构造

建立一个包含 n 个结点的 Huffman 树的过程如下：

（1）创建 n 个初始的 Huffman 树，每个 Huffman 树只包含单一的叶子结点，叶子结点记录对应的字符。

（2）将这 n 棵树按权重从小到大排序，接着取出前两棵树并把这两个叶结点标记为一个包含两个叶子结点的分支结点，这个合并后的结点的权重是两个叶子结点的权重之和。

（3）将得到的新树放回之前排序好的序列中的适当位置，保持序列的升序。

（4）重复上述步骤直至序列中只剩一个元素，此时 Huffman 树便建立完毕。

3）哈夫曼编码

Huffman 编码是一种变长编码，编码的长度取决于对应的字符的使用频率/权重。使用 Huffman 编码时，字符的编码长度要明显小于使用固定长度编码所获得的编码长度。每个字符的编码结果都可以从 Huffman 编码树得到。

6.2　存储结构

1. 使用指针存储二叉树

```
typedef struct BTNode
{
    int val;
    struct BTNode *lchild;
    struct BTNode *rchild;
};
```

2. 使用数组存储完全二叉树

可以对满二叉树的结点进行连续编号，约定编号从根结点起，自上而下，从左至右，由此可引出完全二叉树的定义。深度为 k 的、有 n 个结点的二叉树，当且仅当其每一个结点都与深度为 k 的满二叉树中编号从 1 至 n 的结点一一对应时，称为完全二叉树。可以用数组存储完全二叉树，自顶向下，从左至右，将每个数据存放在其结点对应的序号上。完全二叉树层序遍历的顺序便是数组的存储顺序。一个包含 N 个结点的完全二叉树满足如下公式（公式中 i 代表结点下标，在 0 到 $N-1$ 之间）：

Parent(i) = ($i-1$)/2,　　　　向下取整且 $i\neq0$；

LeftChild(i) = $2i+1$,　　　　$2i+1<N$；

RightChild(i) = $2i+2$,　　　　$2i+2<N$；

LeftNeighbor(i) = $i-1$,　　　　i 为偶数；

RightNeighbor(i) = $i+1$,　　　　i 为奇数且 $i+1<N$。

6.3　运算操作

二叉树的遍历是其他操作的基础，本节主要介绍二叉树的遍历操作，包括递归的先序遍历、中序遍历和后序遍历，非递归的先序遍历、中序遍历和后序遍历，以及按层次遍历操作。本节给出上述操作的代码，为后续上机实验提供基础。

1. 先序遍历（递归实现）

```
void PreOrder(BTNode *p)
{
    if (p != NULL)
    {
        visit(p);                           //访问根结点
        PreOrder(p->lchild);                //先序遍历左子树
        PreOrder(p->rchild);                //先序遍历右子树
    }
}
```

对于图 6.1 的先序遍历结果是 ABDGCEF。

2. 中序遍历（递归实现）

```
void InOrder(BTNode *p)
{
    if (p != NULL)
    {
        InOrder(p->lchild);                 //中序遍历左子树
        visit(p);                           //访问根结点
        InOrder(p->rchild);                 //中序遍历右子树
    }
}
```

对于图 6.1 的中序遍历结果是 BGDAECF。

3. 后序遍历（递归实现）

```
void PostOrder(BTNode *p)
{
    if(p != NULL)
    {
        PostOrder(p->lchild);               //后序遍历左子树
        PostOrder(p->rchild);               //后序遍历右子树
        visit(p);                           //访问根结点
    }
}
```

对于图 6.1 的后序遍历结果是 GDBEFCA。

4. 层序遍历

```
void LevelOrder(BTNode *p)
{
    queue<BTNode*> que;                //用来实现层序遍历的队列
    que.push(p);                       //将根结点入队
    //只要队列不为空就做以下操作
    while (!que.empty())
    {
        BTNode* temp = que.pop();      //出队并访问
        visit(temp);
        if (temp.lchild != null)
        {
            que.push(temp.lchild);
        }
        if (temp.rchild != null)
        {
            que.push(temp.rchild);
        }
    }
}
```

5. 先序遍历（非递归实现）

```
void PreOrder(BTNode *p)
{
    if (p == NULL)
    {
        return;
    }
    stack<BTNode*> st;                 //用来实现非递归遍历的栈
    st.push(p);                        //将根结点压入栈中
    //只要栈不为空就做以下操作
    while(!st.empty())
    {
        BTNode* temp = st.pop();
        visit(temp);                   //访问当前结点
        //当前结点的右子结点不为空时压入栈中
        if (temp.rchild != NULL)
        {
            st.push(temp.rchild);
```

```
        }
        //当前结点的左子结点不为空时压入栈中
        if (temp.lchild != NULL)
        {
            st.push(temp.lchild);
        }
    }
}
```

6. 中序遍历（非递归实现）

```
void InOrder(BTNode *p)
{
    if (p == NULL)
    {
        return;
    }
    stack<BTNode*> st;                  //用来实现非递归遍历的栈
    BTNode* temp = p;                   //保存当前遍历的结点
    //当栈为空而且当前访问的结点也是空时结束循环
    while(!st.empty() || temp != NULL)
    {
        if (temp != NULL)
        {
            st.push(temp);              //压入当前结点
            temp = temp.lchild;         //当前结点往左指
        }
        else
        {
            temp = st.pop();            //弹出当前结点并访问
            visit(temp);
            temp = temp.rchild;         //当前结点往右指
        }
    }
}
```

7. 后序遍历（非递归实现）

```
void PostOrder(BTNode *p)
{
    if (p == NULL)
    {
```

```
        return;
    }
    stack<BTNode*> stack1;              //用来实现非递归遍历的栈 1
    stack<BTNode*> stack2;              //用来实现非递归遍历的栈 2
    stack1.push(p);                     //将根结点压入栈 1 中
    //只要栈 1 不为空就做以下操作
    while(!stack1.empty())
    {
        BTNode* temp = stack1.pop();
        stack2.push(temp);              //将这个结点压入栈 2 中
        //当前结点的左子结点不为空时压入栈 1 中
        if (temp.lchild != NULL)
        {
            stack1.push(temp.lchild);
        }
        //当前结点的右子结点不为空时压入栈 1 中
        if(temp.rchild != NULL)
        {
            stack1.push(temp.rchild);
        }
    }
    //经过上面的操作已经将后序遍历的逆序序列保存到 stack2 中
    //只要将 stack2 中元素依次弹出并遍历即可达到非递归后序遍历的效果
    while(!stack2.empty())
    {
        visit(stack2.pop());
    }
}
```

6.4 上机实验——实验四

上机实验包括验证性实验、设计性实验和综合性实验 3 类。读者可以结合自身程序设计基础，选择一类或者几类进行实验。如果选择验证性实验或设计性实验，要求完成实验中的所有内容；对于综合性实验，任选一个实验完成即可。下面对 3 类实验的具体内容进行介绍。

6.4.1　验证性实验

二叉树链式存储结构。

1）问题描述

（1）二叉链表的 C 语言描述。

（2）设计基本运算，建立二叉链表、先序遍历二叉树、中序遍历二叉树、后序遍历二叉树。

（3）后序遍历输出叶子结点的值并求二叉树的深度。

2）基本要求

（1）从键盘输入二叉树各结点的值，建立二叉链表。

（2）要求程序以主菜单的形式进行控制，在主菜单界面通过选择菜单项的序号实现建立二叉树、先序、中序、后序遍历序列和二叉树的深度功能。

6.4.2　设计性实验

1. 合式公式及类型的判断

1）问题描述

合式公式的定义如下：

（1）单个命题常项，命题变项 p、q、r、0、1、T、F 等是合式公式。

（2）若 A、B 均是合式公式，则，

Ⅱ$\neg A$ 是合式公式。

☞$A \wedge B$、$A \vee B$、$A \rightarrow B$、$A \leftrightarrow B$ 均为合式公式。

（3）有限次运用上述两个规则得到的字符串是合式公式。

2）基本要求

（1）为了方便输入合式公式，可用以下字符代替连接词：

　　!：$\neg$

　　&&：$\wedge$

　　||：$\vee$

　　->：$\rightarrow$

　　<>：$\leftrightarrow$

（2）根据合式公式的定义判断输入的字符串是否为合式公式。

（3）若输入的字符串是合式公式，则生成该公式的真值表，并判断公式

的类型（重言式、矛盾式、可满足式）。

3）提示

（1）输入的公式字符串以字符$结束。

（2）输入的字符串对应的命题合式公式可以参考表达式的二叉树表示及算法，对单目运算符¬，可约定其对应的二叉树的左子树为空。

（3）可考虑建立栈存放运算符，并利用其判断公式是否合法。

4）思考

如何输出该合式公式的主析取范式和主合取范式？

2. 等价关系与集合的划分

1）问题描述

对于任何一个集合及其上的一个等价关系 R，给出该集合的一个划分。

2）基本要求

（1）按以下格式输入集合中的元素，及该集合上的关系的序偶对。

    1, 2, 3, 4, 5, 6, 7, 8, 9

    <2, 2> <1, 1> <3, 4> <4, 8> <3, 8>

（2）验证关系 R 的等价性。

（3）输出与该等价关系对应的集合的划分。

6.4.3 综合性实验

1. 文件压缩

1）问题描述

哈夫曼编码是哈夫曼树在电信通信中的经典应用之一，对数据文件进行哈夫曼编码可大幅度缩短文件的传输长度和减少存储空间，其压缩率通常为 20%～90%。要求采用哈夫曼编码思想，统计文本文件中字符出现的次数；以字符出现的频率作为权值，对文本文件中的字符进行哈夫曼编码，实现文件的压缩；然后再基于该哈夫曼编码进行译码，实现文件的解压缩。

2）基本要求

（1）统计待压缩的文本文件中各字符出现的次数，以字符出现的频率为权值建立哈夫曼树，并输出哈夫曼树。

（2）根据建立的哈夫曼树对每个字符进行哈夫曼编码，并输出各字符的哈夫曼编码。

（3）压缩：根据哈夫曼编码，将源文件进行编码得到压缩文件 CodeFile.dat。

（4）解压：将 CodeFile.dat 文件根据上述建立的哈夫曼树译码解压，恢复为源文件。

（5）要求程序以主菜单的形式进行控制，在主菜单界面通过选择菜单项的序号实现建立哈夫曼树、编码、压缩、解压缩功能。

3）选做要求

（1）实现 Burrows-Wheeler 压缩算法。

（2）比较 Burrows-Wheeler 压缩算法与单纯的哈夫曼编码压缩算法的压缩效率。

（3）针对不同长度的文件，统计 Burrows-Wheeler 压缩算法的执行时间。

4）思考

如果待压缩的是图片、音乐、视频文件，进行文件压缩有何不同？

2. 建立二叉树

1）问题描述

根据给出的字符串（先序遍历某二叉树所得），^代表空的子结点，大写字母代表结点内容，字符串以#结束。请通过这个字符串建立二叉树，并输出该二叉树的先序、中序、后序遍历序列。

2）基本要求

（1）输入格式。

输入只有一行，包含一个字符串 S，用来建立二叉树。保证 S 为合法的二叉树先序遍历字符串，结点内容只有大写字母，且 S 的长度不超过 100。

样例输入如下：

ABC^^DE^G^^F^^^#

（2）输出格式。

输出共有 3 行，每一行包含一串字符，表示分别按先序、中序、后序遍历得出的结点内容，每个字母后面输出一个空格。请注意行尾输出换行。

样例输出如下：

A B C D E G F

C B E G D F A

C B E G D F A

3）思考

二叉树的遍历一般有两种方法：直接递归进行遍历和算法中自定义栈非递归遍历。读者可以尝试分别使用上述方法实现。

3．构建舰队职级关系图

1）问题描述

某舰队有团长 1 位（代号 1）、营长 2 位（代号 2）、连长 4 位（代号 3）、排长 8 位（代号 4）。请构建二叉树保证二叉树的层序遍历可以从高到低返回官职编码。其中 21 表示第 1 位营长，22 表示第 2 位营长，以此类推。

2）基本要求

（1）构建该二叉树。

（2）应按照顺序对应长官和下属，如 1 号连长的下属是 1 号排长和 2 号排长，以此类推。

（3）输出层序遍历的结果。

（4）示例输出如下：

```
[
    [11],
    [21,22],
    [31,32,33,34],
    [41,42,43,44,45,46,47,48]
]
```

（5）界面友好，操作简单。

第 7 章 图

图是一种复杂的非线性结构，数据元素之间存在多对多关系，能够很好地刻画现实世界的复杂工程问题。本章从基本概念入手，介绍典型存储结构（如邻接矩阵、邻接表等）和基本运算操作，为后续开展实验提供支撑。本章设计了 3 类共计 12 个实验，读者可以结合实际情况选择完成相应的实验。

7.1 基 本 概 念

1. 图的定义及相关术语

图可以用 $G=(V, E)$ 来表示，图包括顶点集合 V 和边集合 E，E 中的每一条边连接 V 中的一对顶点，顶点总数为 $|V|$，边的总数为 $|E|$。

密集图也称为稠密图，是边数比较多的图；稀疏图是边数比较少的图；包含所有可能边的图是完全图。

图中的边带有方向，由一个顶点指向另一个顶点的图称为有向图；图中边无方向的则称为无向图。一条边连接的两个顶点是相邻顶点，这两个点互为邻接点。连接一对邻接点 V_i、V_j 的边称为与顶点 V_i、V_j 相关联的边，无方向的边记为 (V_i, V_j)，有方向的边记为 $<V_i, V_j>$。如果边上附加一个值，那么这个值称为权。边上带权的图称为网。

不带回路的图称为无环图；不带回路的有向图称为有向无环图。

子图 S 是从图 G 顶点集中选出一个子集 V_S，以及与 V_S 中顶点相关联的一些边的子集 E_S 构成的图。

如果一个无向图的任一顶点到其他任意顶点都至少存在一条路径，这个无向图便是连通的。无向图的最大连通子图称为连通分量。

图的存储和表示有两种常用方法：邻接矩阵和邻接表。

2. 邻接矩阵的定义

邻接矩阵存储结构采用两个数组来表示图：用一个一维数组来存储顶点信息，用一个二维数组来存储顶点间的关联关系，这个二维数组被称作邻接矩阵。

设 $G=(V, E)$ 是具有 n 个顶点的图，顶点序号依次为 $0,1,\cdots,n-1$。

设 G_1 是无向图，则其邻接矩阵是具有如下定义的 n 阶方阵 A：

$$A[i][j]=\begin{cases}1, & (v_i, v_j) \text{ 或 } (v_j, v_i) \text{是} E(G) \text{中的边}\\ 0, & (v_i, v_j) \text{ 或 } (v_j, v_i) \text{不是} E(G) \text{中的边}\end{cases}$$

设 G_2 是有向图，则其邻接矩阵是具有如下定义的 n 阶方阵 A：

$$A[i][j]=\begin{cases}1, & <v_i, v_j> \text{是} E(G) \text{中的边}\\ 0, & <v_i, v_j> \text{不是} E(G) \text{中的边}\end{cases}$$

设 G_3 是有向带权图（网），则其邻接矩阵是具有如下定义的 n 阶方阵 A：

$$A[i][j]=\begin{cases}w_{ij}, & <v_i, v_j> \text{是} E(G) \text{中的边}\\ \infty, & <v_i, v_j> \text{不是} E(G) \text{中的边}\end{cases}$$

其中 w_{ij} 表示边 $<v_i, v_j>$ 上的权值，$(0 \le i, j \le n-1)$。

以上 3 种图的邻接矩阵示例如图 7.1 所示。

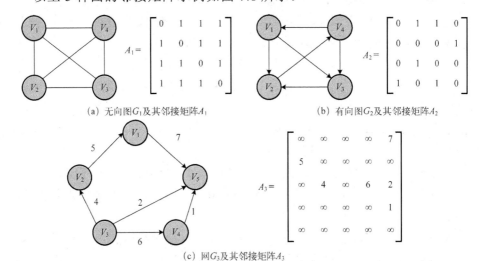

(a) 无向图 G_1 及其邻接矩阵 A_1　　　　(b) 有向图 G_2 及其邻接矩阵 A_2

(c) 网 G_3 及其邻接矩阵 A_3

图 7.1　无向图、有向图及网的邻接矩阵

3. 接矩阵的特点

（1）无向图的邻接矩阵是对称矩阵，而有向图的邻接矩阵不一定对称。因为无向图中(v_i, v_j)和(v_j, v_i)其实表示同一条边，对无向图可以采用压缩存储的方法（仅存储下三角）。用邻接矩阵存储有 n 个顶点的无向图时，只需要 $n*(n-1)/2$ 个存储单元；但存储有 n 个顶点的有向图时，因其边具有方向，每条边都需要单独存储，因此需要 n^2 个存储单元。

（2）用邻接矩阵来表示图可以便捷地查看到图中任意两个顶点间是否有边相连，即查看(v_i, v_j)或$<v_i, v_j>$即可。还可以求得各个顶点的度，无向图中第 i 个顶点的度是邻接矩阵第 i 行（或第 i 列）元素之和；有向图中第 i 个顶点的出度是邻接矩阵第 i 行元素之和，入度是邻接矩阵第 i 列元素之和。但若图的邻接矩阵为稀疏矩阵，则会浪费存储空间，此时应该考虑用另一种存储结构——邻接表来存储。

4. 邻接表的定义

邻接表是一种顺序存储和链式存储结合的存储结构，包括顶点表和边表两种表。其中，顶点表用来表示顶点信息，采用顺序存储；边表用来表示与顶点相连的边的信息，采用链式存储。具体存储结构如下。

（1）顶点表：顶点表由顶点域（data）和指针域（firstarc）两部分构成。顶点域用以存储顶点名称等信息；指针域用以指向与该顶点邻接的第 1 个顶点。顶点表的结构如图 7.2 所示。

（2）边表：边表由邻接点域（adjvex）、权值（info）和指针域（nextarc）3 部分构成。其中，邻接点域用以存储与该顶点邻接的顶点的位置信息；权值用以存储与该边有关的信息（若图无权值可省略这个部分）；指针域用以指向与该顶点邻接的下一个顶点。边表的结构如图 7.3 所示。

顶点域	指针域
data	firstarc

图 7.2　顶点表

邻接点域	权值	指针域
adjvex	info	nextarc

图 7.3　边表

无向图和有向图的邻接表示例如图 7.4 所示。

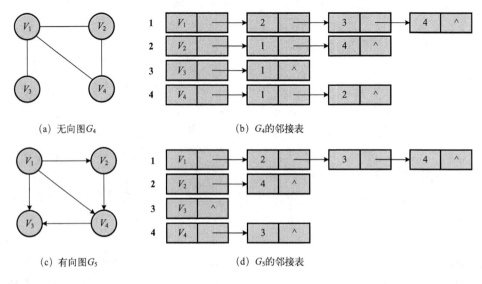

　　(a) 无向图 G_4　　　　　　　　　　(b) G_4 的邻接表

　　(c) 有向图 G_5　　　　　　　　　　(d) G_5 的邻接表

图 7.4　邻接表示例

　　考虑在邻接表中计算顶点的度,对于无向图来说,第 i 个顶点的度等于第 i 个链表中结点的个数;对于有向图来说,第 i 个顶点的出度等于第 i 个链表中结点的个数,但是其入度的计算会比较麻烦,需要搜索整个边链表。为了便于计算有向图的顶点入度,可以对有向图建立逆邻接表,示例如图 7.5 所示。

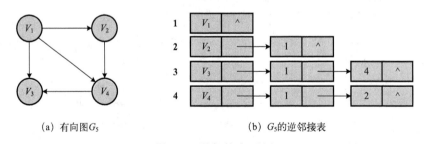

　　(a) 有向图 G_5　　　　　　　　　　(b) G_5 的逆邻接表

图 7.5　逆邻接表示例

7.2　存　储　结　构

　　本节以最常用的两种存储方式为基础,分别给出两种结构的基本类型定义,方便在后续实验中参考应用。

1. 图的顺序存储（邻接矩阵）

```
#define maxvernum 100              //定义顶点数目的最大值
typedef char VerType;             //顶点的数据类型
typedef int EdgeType;             //带权图中边上权值的数据类型
typedef struct
{
    VerType vex[maxvernum];        //存储顶点
    EdgeType edge[maxvernum][maxvernum];        //存储边
    int vexnum, arcnum;            //图中顶点数和边数
} MGraph;
```

2. 链式存储（邻接表）

```
#define maxsize 100               //定义邻接表的最大长度
typedef struct ArcNode
{
    int adjvex;                    //该边所指向的结点位置
    struct ArcNode* nextarc;       //指向下一条边的指针
} ArcNode;
typedef struct VNode
{
    VerType vexdate;               //存储顶点信息
    ArcNode* firstarc;             //指向第 1 条边的指针
} VNode;
typedef struct
{
    VNode adjlist[maxsize];        //邻接表
    int vernum, arcnum;            //顶点数和边数
} AGraph;
```

7.3　运　算　操　作

图作为典型非线性结构，遍历操作是图形结构其他操作的基础。本节主要介绍最常用的两种搜索（遍历）方式：深度优先算法和广度优先算法。下面给出这两种方法的实现代码，为后续上机实验提供基础。

1. 图的深度优先搜索算法

```
void DFS(AGraph *g,int v)                //v 为起点
{
    ArcNode *p;
    visit[v] = 1;
    visit(v);
    p = g->adjlist[v].firstarc;          //p 指向顶点 v 的第 1 条边
    while(p!=NULL)
{
        if(visit[p->adjvex]==0)          //若顶点未被访问，则递归访问它
            DFS(g, p->adjvex);
        p = p->nextarc;                  //p 指向 v 的下一条边
    }
}
```

2. 图的广度优先搜索算法

```
void BFS(AGraph *g,int v)
{
    int i;
    ArcNode *p;
    int que[maxsize], front = 0, rear = 0;    //循环队列
    visit(v);
    visit[v] = 1;
    rear = (rear+1)%maxsize;             //当前顶点入队
    que[rear] = v;
    while(front!=rear)
{                                        //队空循环退出时代表遍历完成
        front = (front+1)%maxsize;       //顶点出队
        i = que[front];
        p = g->adjlist[i].firstarc;      //将该顶点的所有邻接顶点入队
        while(p!=NULL)
        {
            if(visit[p->adjvex]==0)
            {
                visit(p->adjvex);
                visit[p->adjvex] = 1;
```

```
        rear = (rear+1)%maxsize;
        que[rear] = p->adjvex;
    }
    p = p->nextarc;
    }
}
}
```

7.4 上机实验——实验五

上机实验包括验证性实验、设计性实验和综合性实验 3 类。读者可以结合自身程序设计基础，选择一类或者几类进行实验。如果选择验证性实验，要求完成实验中的所有内容。对于设计性实验或综合性实验，任选一个实验完成即可。下面对 3 类实验的具体内容进行介绍。

7.4.1 验证性实验

1. 邻接矩阵

1）问题描述

（1）使用 C 语言描述无向图的邻接矩阵存储。

（2）设计基本运算，建立无向图的邻接矩阵，求图中与顶点 i 邻接的第 1 个顶点，求图中顶点 i 相对于顶点 j 的下一个邻接点；若图 G 中存在顶点 u，则返回该顶点在邻接矩阵中的位置；图的广度优先遍历、图的深度优先遍历。

2）基本要求

（1）从键盘输入图的顶点和边的信息，建立无向图的邻接矩阵存储。

（2）要求程序以主菜单的形式进行控制，在主菜单界面通过选择菜单项的序号来实现上述基本运算的调用。

2. 邻接表

1）问题描述

（1）使用 C 语言描述无向网的邻接表存储。

（2）设计基本运算，建立无向网的邻接表，求图中与顶点 i 邻接的第 1 个顶点，求图中顶点 i 相对于顶点 j 的下一个邻接点；若图 G 中存在顶点 u，则返回该顶点在图中的位置。图的广度优先遍历、图的深度优先遍历。

2）基本要求

（1）从键盘输入无向网的顶点和边上的权重信息，建立无向网的邻接表存储。

（2）要求程序以主菜单的形式进行控制，在主菜单界面通过选择菜单项的序号来实现上述基本运算的调用。

7.4.2　设计性实验

1. 吝啬国问题

1）问题描述

在一个吝啬的国度里有 10 座城市，这 10 座城市间只有 9 条路把这 10 座城市连接起来。现在，某旅行者在 1 号城市，他有一张该国地图，如图 7.6 所示。

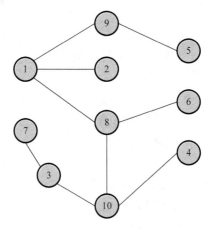

图 7.6　吝啬国地图

2）基本要求

（1）假设旅行者不走重复的路。

（2）旅行者想知道如果自己要去参观第 $N(1\sim10)$ 号城市，必须经过的前一座城市是几号城市。

（3）界面友好，操作简单。

2.　欧拉图问题

1）问题描述

在哥尼斯堡的一个公园里，有 7 座桥将普雷格尔河及其支流中的两个岛及岛与河岸连接起来。能否走过这样的 7 座桥，并且每座桥只走一次？瑞士数学家欧拉最终解决了这个问题，并由此创立了拓扑学。欧拉通过对七桥问题的研究，不仅圆满地回答了哥尼斯堡七桥问题，并证明了更为广泛的有关一笔画的 3 条结论，人们通常称之为欧拉定理。对于一个连通图，通常把从某结点出发一笔画成所经过的路线称为欧拉路；通常又把一笔画成且回到出发点的欧拉路称为欧拉回路；具有欧拉回路的图称为欧拉图。

2）基本要求

（1）自行设计输入数据结点数目 N 和边数 M；输入 M 行对应的 M 条边，每行给出两个正整数，分别表示该边连通的两个结点的编号，结点 $1 \sim N$ 编号。

（2）若为欧拉图则输出 1，否则输出 0。

（3）界面友好，操作简单。

7.4.3　综合性实验

1.　教学计划编制问题

1）问题描述

进入高等学校学习后，如果要获得某专业的学历和学位，需要学生在指定的时间内完成必修课和选修课的学习。每门课程有一定的学分，完成上述课程并考核合格，将会获得指定的学分，满足学分要求的同学可以获取相应专业的学历和学位。因为部分课程内容是另一些课程的学习基础，所以课程学习之间存在一定的先后次序。例如：某高校的计算机专业部分课程及课程之间的关系如表 7.1 所示。

表 7.1 计算机专业部分课程及课程间关系

课程先修关系图	课程编号	课程名称	学分
	C1	计算机思维与问题求解	2
	C2	离散数学	3
	C3	数据结构	3.5
	C4	汇编语言程序设计	2
	C5	算法设计与分析	2
	C6	计算机组成原理	3
	C7	编译原理	2.5
	C8	操作系统	3
	C9	高等数学	4
	C10	线性代数与解析几何	3
	C11	大学物理	2
	C12	数值分析	3
	C13	软件工程	2
	C14	数据库原理	2.5

　　本设计的主要任务是，根据需要完成的课程的先修关系、每学期开设的课程总数及总的学分要求，制订教学计划。需实现的基本功能如下：

（1）输入上述表中所有学习课程的相关信息。

（2）课程学习相关信息的编辑，如课程增加、删除、信息修改等。

（3）满足一定条件的教学计划的输出。

2）设计要求

（1）设学期总数不超过 6 学期，每学期课程总数不超过 6 门。设计一份课程学习清单，包括：学期总数、一学期的学分上限、每门课的课程编号、学分和直接先修课程的课程号。

（2）实现上述基本功能。

（3）考虑各学期的学习负担，尽量均匀地制订教学计划并输出。

（4）按尽可能短的时间完成学习，制订教学计划并输出。

（5）如果无法制订出满足要求的教学计划，则输出相应的提示信息。

3）提示

（1）建立的学习课程之间关系图必须是有向无环图。

（2）制订教学计划时，首先要依据学习课程之间的先后关系，求出要学习课程的全部次序，考虑使用拓扑排序。

（3）考虑均衡学习负担问题，可按学期均分学分，再按拓扑次序取各学期课程。注意，一门课不能跨两个学期。

2. 修道士与野人问题

1）问题描述

河的左岸有 N 个野人、N 个修道士及一条小船，修道士们想用这条小船把所有的人都运到河的右岸，但又受到以下约束：

（1）修道士和野人都会划船，但船每次只能载 C 人。

（2）无论在何处，为了防止野人袭击修道士，野人数不能超过修道士数，否则修道士将会被野人吃掉。

（3）假定野人会服从任何一种过河的安排，本设计的主要任务是规划出一种确保修道士安全的过河方案。

2）设计要求

（1）设计表示野人、修道士、船的位置信息等数据的逻辑结构和存储结构。

（2）从键盘输入修道士与野人的人数 N，以及小船可容纳的人数 C。

（3）设计检测某一时刻两岸修道士是否安全的算法。

（4）输出修道士安全过河的可能的详细方案。

（5）要求程序设计界面友好，操作简单。

（6）针对上述要求，设计足够多的测试用例。

3）提示

（1）分析河一侧的野人数目、修道士数目，以及船在那一侧共同构成的状态，考虑用空间状态法求解。

（2）渡河过程中的各个状态，可以用三元组进行存储。

（3）注意小船上的安全状态，野人数不能超过修道士数（除非修道士人数为 0）。

（4）渡船运送优先规则：左岸每次运送的人数越多越好，同时野人优先运送；右岸每次运送的人越少越好，同时修道士优先运送。

3. 原材料运送问题

1）问题描述

某集团旗下有 $n(n \leqslant 25)$ 个工厂，由于其生产产品的原材料——特种螺丝市场短缺，各工厂库存均告急。目前，有一车特种螺丝送达集团，由于各工厂的生产能力和可用的特种螺丝库存量不一，则急需其送达的时间不同，如超过送达时间，工厂将面临停产。请设计算法，根据工厂的位置分布和其急需螺丝送达的时间，求出用最短的时间把螺丝从集团运送到各工厂的方案。

2）设计要求

（1）设计工厂位置等相关信息的存储结构。

（2）从键盘输入各工厂的位置、急需送达时间等信息。

（3）交互界面友好。

（4）设计用最短时间把螺丝送到各工厂的算法。

（5）输出配送方案，要求通俗易懂。

3）提示

（1）有向图结构，可采用邻接矩阵存储。

（2）是哈密顿路问题，也是一个 NP 问题。由于 $n \leq 25$，考虑效率，可采用图的深度优先搜索。

（3）搜索前应求出任意两点间的最短路径，可以采用 Floyd（弗洛伊德）算法。如果每个顶点都是走的最短路径，其总时间仍大于各工厂急需送达时间，则不存在可行方案。

（4）各工厂急需送达的时间是有限制的，在搜索过程中，如果超过了某工厂急需送达时间，则不需继续搜索，即不存在可行方案。

4. 景区导游问题

1）问题描述

某旅游风景区，景色优美，景点众多，生活设施分布较散。在风景区内游玩，因景点位置、时间、交通工具和游客兴趣等原因，需要选择合适的线路。本设计的主要任务是，为在风景区内旅游的游客提供行走路线查询、选择、景点介绍等帮助。需实现的基本功能如下：

（1）景区内所有景点信息的查询。

（2）相邻景点信息的查询。

（3）给出到某个景点的最佳路线。

（4）给出到所有景点的最佳路线。

（5）修改景点信息。

2）设计要求

（1）设计景区游览图（景点不少于 8 个），顶点信息包括景点名称、简介等，边的信息包括路径长度等。

（2）设计景区游览图的存储结构。

（3）从文件读入或从键盘输入景区游览图相关信息，即图的顶点信息和边的信息。

（4）要求程序以主菜单的形式进行控制，在主菜单界面通过选择菜单项的序号来实现上述基本功能。

（5）设计足够多的测试用例。

3）提示

（1）搜索任意景点之间的距离，可采用基本的搜索算法。

（2）因本设计要求的景点少，查询频繁，可以考虑先求出任意两点间的最短路径，在游客查询最佳路线时，直接给出查询结果。

5．中国邮路问题

1）问题描述

这是中国学者于 20 世纪 50 年代提出的一种典型的组合优化问题，后在国际上被称为中国邮路问题。一个邮递员从邮局取邮件去投递，然后回到邮局。当然他必须经过他所管辖区域中的每条街至少一次。请为他设计一条投递路线，使其所行走的路程最短。

2）设计要求

（1）设计邮递员的管辖区域，并将其抽象成图结构进行表示，建立其存储结构。

（2）从键盘或文件输入邮递员管辖区域图。

（3）按照输入邮局所在位置，为邮递员设计一条最佳投递路线，要求考虑到辖区的一般情况。

3）提示

（1）设计的邮递员管辖区域图必须是连通，连通图的每条边的权值为对应街道的长度。

（2）要在图中求一条回路，使得回路的总权值最小。

（3）考虑用欧拉图求解。

6．医院选址问题

1）问题描述

给定 n 个村庄之间的交通图。若村庄 i 和 j 之间有路可通，则 i 和 j 用边连接，边上的权值 W_{ij} 表示这条道路的长度。现打算在 6 个村庄中选定一个村庄建一所医院，村庄之间的交通图如图 7.7 所示。

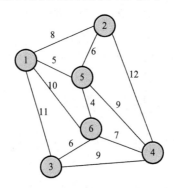

图 7.7　村庄交通图

2）设计要求

（1）求出该医院应建在哪个村庄，才能使距离医院最远的村庄到医院的路程最短。

（2）求出该医院应建在哪个村庄，能使其他所有村庄到医院的路径总和最短。

（3）设计图的存储结构。

（4）界面友好，操作简单。

（5）设计结果输出格式，尽量做到易理解。

7. 城市平乱问题

1）问题描述

（1）将军统领 3 支部队，3 支部队分别驻扎在 3 座不同的城市。

（2）他指挥上述 3 支部队维护 8 座城市的治安，这 8 座城市编号为 1～8。

（3）现在，军师告诉将军，第 8 号城市发生了暴乱，将军从各个部队都派遣了一个分队沿最近路去往暴乱城市平乱。已知在任意两座城市之间行军所需的时间，城市交通图如图 7.8 所示。

2）设计要求

（1）设计图的存储结构，由键盘或文件输入城市交通图。

（2）随机输入 3 个城市编号，代表 3 支部队驻扎城市（除 8 号城市以外）。

（3）请编写程序为将军提供决策支持，分别输出所有分队到达暴乱城市所需的时间。

（4）程序界面友好，用户操作简单。

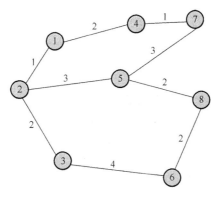

图 7.8 城市交通图

3）提示

（1）本质上是求出某顶点到达顶点 8 的最短距离。

（2）可以设计更多的边及权值，更好地体现算法的实用性。

（3）建议使用邻接矩阵实现图的存储。

8．舰队巡逻问题

1）问题描述

某舰队要在一片海域巡逻，这片海域有多座岛屿，地图上标注了各岛屿间的距离。请编写一个程序，找出一条最短巡逻路径，该路径要保证包含每座岛屿且只巡逻一次。

2）设计要求

（1）自行设计输入数据 N、M、s、d，其中：N 是岛屿数目，岛屿编号为 $0\sim N-1$；M 是岛屿间航线的条数；s 是出发地的岛屿编号；d 是目的地的岛屿编号。

（2）根据岛屿间的航线数，输入每条航线岛屿间的距离。

（3）输出最短的巡逻路径。

（4）程序界面友好，用户操作简单。

第 8 章 查 找

查找是数据结构中一种重要的操作，是排序等操作的基础。查找方法类型和内容丰富多样。本章从基本概念入手，介绍典型的查找方法，重点对哈希查找进行说明。设计了 3 大类共计 9 个实验，包括最美舰长评比、设计最小运载能力等，读者可以结合实际情况选择完成相应的实验。

8.1 基 本 概 念

本节介绍查找方法中的一些基本概念，查找的定义，几种典型的查找方法：顺序查找、折半查找、二叉排序树、哈希表，并给出部分图示。

1. 查找的定义

根据给定的值 k，在查找表中找出关键字为 k 的记录或数据元素。若找到此记录，则查找成功，返回此记录的信息或者此记录在查找表中的位置；否则查找失败，返回 False 或 "空" 指针。

2. 顺序查找法

顺序查找是一种最简单的查找方法，它的查找过程为：从表的一端开始，顺序扫描线性表，逐个比较记录的关键字和给定值 k，若当前记录的关键字与 k 相等，则查找成功；如果直到最后一个记录的关键字与 k 都不等，则查找失败。顺序查找可用于所有线性表（顺序表和链表）的查找。

对于顺序表，可以通过数组下标递增来顺序扫描数组中各个元素；对于链表，则可通过表结点指针（假设为 p）反复执行 p=p→next 来扫描表中各个元素。

显然，顺序查找算法具有较大的缺陷，即当表中的记录很多时，查找效率极为低下。最好的情况需要查找 1 次，最坏的情况则需要查找的次数为表的长度 n，平均查找长度为$(n+1)/2$，因此，顺序查找法的时间复杂度是 $O(n)$。

3．折半查找

折半查找又称为二分查找，它使用的前提是线性表必须是有序查找表。它的查找过程为：取有序查找表的中间元素作为比较对象，若中间元素的关键字与 k 值相等，则查找成功；若中间元素的关键字大于 k 值，则在中间元素的左半区继续查找；若中间元素的关键字小于 k 值，则在中间元素的右半区继续查找。不断重复上述过程，直到查找成功；若所查找区域无数据元素 k，则查找失败。

可将查找的过程绘制成一棵二叉树，称为判定树，如图 8.1 所示。从图上可以看出，当查找的关键字不是记录 6 时，折半查找就相当于把有序查找表分成了元素 6 的两棵子树。算法只需要根据情况查找其中的一棵子树即可。因此，折半查找的时间复杂度为 $O(\log_2 n)$。

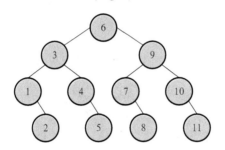

图 8.1　描述折半查找的二叉树示例

4．二叉排序树

二叉排序树或者是空树，或者是具有下列性质的二叉树：

（1）若左子树非空，则左子树上所有关键字的值均小于根结点关键字的值。

（2）若右子树非空，则右子树上所有关键字的值均大于根结点关键字的值。

（3）左右子树也分别为二叉排序树。

当二叉排序树不空时，它的查找过程为：首先将根结点的关键字与 k 值进行比较，若相等，则查找成功；若根结点的关键字大于 k 值，则在左子树上继续查找；若根结点的关键字小于 k 值，则在右子树上继续查找。由二叉排序树的性质可以推出另一个重要性质，对二叉排序树进行中序遍历，则可以得到一个按关键字递增的有序数列。

二叉排序树的构造过程如图 8.2 所示。

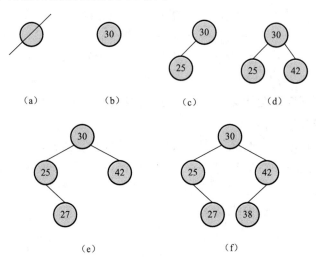

图 8.2　二叉排序树构造过程示例

从图 8.2 可以看出，二叉排序树和折半查找的判定树具有一致的结构，因此，一般地，二叉排序树在进行查找时的时间复杂度也是 $O(\log_2 n)$。但是，两者最本质的差异在于所使用的数据结构不同，折半查找使用的数据结构是顺序表，二叉排序树使用的数据结构是二叉树。因此在进行插入或删除操作时，顺序表需要线性地移动元素，消耗大量的时间；而二叉树只需要将新插入元素设置为某个结点的子结点或者移除二叉树中待删除的结点即可，插入或删除的效率较高。

5．哈希表

哈希表又称为散列表，是根据关键字的值（key）直接进行访问的数据结构。所以可根据给定的关键字来计算出关键字在表中的地址。例如，关键字为 key，则 $H(\text{key})$ 称为 Hash 地址，就是 key 在查找表中的地址。这种对应关系 H 就被称为哈希（散列）函数。

常用的构造哈希函数的方法如下。

（1）直接定址法。

取关键字或关键字的某个线性函数值为哈希地址，哈希函数为

$$H(\text{key})=\text{key} \text{ 或 } H(\text{key})=a\times\text{key}+b$$

其中，a 和 b 为常数（该类哈希函数也称为自身函数）。此方法比较简单，且对于不同的关键字不会发生地址冲突。但是需要事先知道关键字的分布情况，适合查找表较小且连续的情况，因此不常用。

（2）数字分析法。

假设关键字的位数较大，并且哈希表中可能出现的关键字都是已知的，则可取关键字分布较为均匀的若干数位作为哈希地址。

例如，身份证号往往是由 18 位数字或者字母 X 组成的，其中前 6 位表示地址，第 7～14 位表示出生日期，第 15～16 位表示派出所代码，第 17 位表示性别，第 18 位表示校验码。如果需要存储某个区（县）的居民信息登记表，使用身份证号码作为关键字，那么前 6 位肯定是相同的，将后面 12 位作为散列地址就是不错的选择。但是 12 位数据过于冗长，往往还需要再使用后续的一些方法进行散列处理，此处举例只是介绍一下数字分析法的思想。

（3）除留余数法。

设哈希表长为 m，取不大于 m 但最接近 m 的质数 p 去除关键字，所得余数即为哈希地址。公式如下：

$$H(\text{key})= \text{key}\%p,\ p\leqslant m$$

此方法不仅可以对关键字直接取模，也可在折叠、平方取中等运算之后取模。此方法的关键是 p 的选择，一般情况下，p 的选择一般为小于或等于 m 的最大质数，或不包含小于 20 的质因子的合数。

（4）平方取中法。

取关键字平方后的中间几位为哈希地址。此方法取得的哈希地址和每一位关键字都有联系，所以哈希地址分布也比较均匀。该方法比较适用于不知道关键字的分布，且关键字位数较小的情况。

（5）随机数法。

选择一个随机函数，取关键字的随机函数值为它的哈希地址，即

$$H(\text{key})=\text{random}(\text{key})$$

其中，random 为随机函数。如果关键字不是数字，则需要将关键字通过 ASCII 码或其他方式转换为数字再进行散列。该方法适用于关键字的格式不统一且长度不相等的情况。

（6）折叠法。

将关键字分割成位数相同的几部分（最后一部分的位数可以和前面不同），然后取各部分的叠加和（舍去进位）作为哈希地址，该方法称为折叠法

（folding）。当关键字位数很多，而且关键字中每一位上数字分布大致均匀时，可以采用折叠法得到哈希地址。

当两个关键字散列后得到的散列地址一致时，会发生散列冲突。从上文散列函数的设计方法来看，是不可能完全避免散列冲突的。那么，出现了散列冲突后，又应该如何处理呢？下面，为大家介绍了几种常用的冲突处理方法。

（1）开放定址法。

开放定址法就是一旦发生了哈希冲突，就去寻找下一个空的哈希地址用于存储，只要哈希表足够大，就一定可以找到一个空的哈希地址存入数据。如何寻找下一个元素也有不同的方法，常见的有线性探测法、随机探测法和二次探测法。

（2）再散列法。

再散列法的思想就是为哈希表准备多个哈希函数，当一个哈希函数的计算出现了哈希冲突时，可以换用另一个哈希函数计算哈希地址，直到计算出的哈希地址不存在冲突，则存入数据。

（3）链地址法。

链地址法的思想是每一个哈希地址都维护一个链表，当出现哈希冲突时，只需要将冲突的元素插入链表中即可。这样做的好处就是在冲突发生后不需要再计算哈希地址，无论有多少冲突，将其插入哈希地址对应的链表中即可。

（4）公共溢出区法。

公共溢出区法的思想是将哈希存储与顺序存储相结合，在内存中单独拿出一部分顺序存储冲突的元素，当插入出现哈希冲突时，就将该记录存储到公共溢出区中。

若已知哈希函数及冲突处理方法，哈希表的建立步骤如下：

（1）取出一个数据元素的关键字 key，计算其在哈希表中的存储地址 $D = H(key)$。若地址 D 的存储空间还没有被占用，则将该数据元素存入；否则发生冲突，执行（2）。

（2）根据规定的冲突处理方法，计算关键字为 key 的数据元素的下一个存储地址。若该存储地址的存储空间没有被占用，则存入；否则继续执行（2），直到找出一个存储空间没有被占用的存储地址为止。

由此可以看出，在没有哈希冲突的情况下，哈希表的查找和插入操作的时间复杂度都是 $O(1)$，具有良好的性能。但在实际中，哈希冲突是不能完全避免的，因此哈希查找的时间复杂度与选用的哈希函数和冲突处理方法有关。

8.2 运 算 操 作

查找算法中，有多种方法和实现方式，本节主要介绍顺序查找、折半查找和二叉排序树的查找方法，并给出上述操作的实现代码，为后续上机实验提供基础。

1. 顺序查找算法

```
int Search( int a[], int n, int k )
{
    int i;
    for(i=1; i<=n; ++i )
        if(a[i]==k)                      //若查找成功
            return i;                    //返回查找值位置
    return 0;                            //若查找不成功则返回 0
}
```

2. 折半查找算法

```
int Search( int a[], int n, int k )
{
    int mid;
    low=1; high=n;
    while(low<=high)
    {
        mid =(low+high)/2;               //取中间位置
        if(a[mid]==k )
            return mid;                  //查找成功则返回查找值位置
        else if(a[mid]>k)
            high=mid-1;                  //查找前半部分
        else
            low=mid+1;                   //查找后半部分
    }
    return 0;                            //查找失败返回 0
}
```

3. 二叉排序树的查找算法

```
typedef struct BTNode                    //定义二叉树结构体
```

```
{
    int key;
    struct BTNode *lchild;              //左子树
    struct BTNode *rchild;              //右子树
} BTNode, *BTree;

BTNode *BST_Search( BTree T, ElemType K, BTNode *&p )
    //二叉树查找
{
    p=NULL;
    while( T!=NULL&&K!=T->key )
    { //直到 T 为空或 T 的值为 K 停止查找
        p=T;
        if( K<T->data )
            T=T->lchild;                //进行左子树查找
        else
            T=T->rchild;                //进行右子树查找
    }
    return T;                           //返回 T 的值
}
```

8.3　上机实验——实验六

上机实验包括验证性实验、设计性实验和综合性实验 3 类。读者可以结合自身程序设计基础，选择一类或者几类进行实验。如果选择验证性实验，要求完成实验中的所有内容。对于设计性实验或综合性实验，任选一个实验完成即可。下面对 3 类实验的具体内容进行介绍。

8.3.1　验证性实验

1. 顺序查找验证

新建一个顺序表，如{12,6,43,71,25,47,39,55,10}，用顺序查找方法找到值为 x 的元素在表中的位置。

2．折半查找验证

新建一个有序表，如{11,20,42,47,53,68,73,81,94,96}，用折半查找方法找到值为 x 的元素在表中的位置。

3．二叉排序树的建立与查找验证

根据关键字序列{40,72,38,35,67,51,90,8,55,21}构建一个二叉排序树，查找二叉排序树中是否有关键字值为 x 的结点。

4．哈希表的建立与查找

根据给出的关键字序列{22,41,53,46,30,13,1,67,51}，设计哈希函数，使用线性探测再散列方法解决地址冲突，建立哈希表。查找关键字值为 x 的元素是否存在，若不在，则存入哈希表中。

8.3.2　设计性实验

1．顺序查找算法

1）问题描述

给出一个数列和要查找的数值，找出数值在数列中的位置，数列位置从 1 开始。要求使用带哨兵的顺序查找算法实现上述功能。

2）基本要求

（1）描述算法的基本设计思想。

（2）编程实现该算法。

（3）分析算法的时间性能。

2．k 分查找算法

1）问题描述

根据二分查找的思路设计 k 分查找算法，其中 k 是大于 2 的整数。

2）基本要求

（1）编写程序实现该算法。

（2）对于输入 k 进行校验，不符合要求需要提示。

（3）程序界面美观，操作友好。

（4）分析算法的时间性能。

3）提示

查找表长度为 n，先检查 n/k 处的元素是否是要查找的关键字，如果不是，查找表可缩减为原来的 $1/k$，继续进行 k 分查找。设计实现 k 分查找算法。

8.3.3 综合性实验

1. 查找最高分与次高分问题

1）问题描述

某校计算机专业有 n（$n \leqslant 400$）人，学号为 001～n。本学期共 4 门课程，要求用不同的方法查找本学期课程考试总分的最高分和次高分。

2）基本要求

（1）随机产生 n 个学生 4 门课的成绩（随机整数），作为该学生的成绩。

（2）输出所有学生（用编号表示）及其总成绩。

（3）用顺序查找法找到其中最高分取得者和次高分取得者以及他们的分数，并输出。

（4）通过折半查找法找到其中最高分取得者和次高分取得者以及他们的分数，并输出。

（5）通过二叉排序树找到其中最高分取得者和次高分取得者及他们的分数，并输出。

（6）分析比较不同方法的查找效率和各自的特点。

3）提示

（1）定义一个有 n 个元素的两个整型数组或有两个分量的结构体数组，用于存放 n 个学生的学号及其总成绩。

（2）算法中应注意记录不同方法查找时所用的时间，以便比较它们的时间效率。同时还要分析几种不同算法的其他特点。

（3）随机生成的每门课成绩在 0～100 之间，最高分和次高分可能不唯一。

2. 最美舰长评比问题

1）问题描述

海军某部航行编队要举办最美舰长评比活动，每人都可通过网上评比系统

为自己最喜欢的舰长提名与投票。请编写程序满足上述需求,基本功能如下:

（1）能够提名最喜欢的舰长并投票。

（2）可以查看提名舰长的基本信息。

（3）具备显示各提名舰长票数的功能。

（4）能够显示排行榜。

2）基本要求

（1）提名舰长至少包括以下信息:个人基本信息（如编号、姓名、所得荣誉等）、票数。

（2）采用哈希存储,存放提名舰长的相关信息。

（3）设计哈希函数和冲突解决方法。

（4）设计输入提名舰长信息的界面,要求界面友好。

（5）查看指定舰长的票数。

（6）按序显示各提名舰长的票数。

3）提示

可能出现票数相同的提名者,在排行榜输出时序号应相同,以编号顺序从小到大排列。

3. 设计最小运输能力问题

1）问题描述

海军某运输舰队需要把若干份物资从一个港口运输到另一个港口,且给定运输时间为 d 天。需要运输的物资按照重量从小至大的顺序交给运输舰舰长,要求运输的物资不能超过运输舰的最大运输重量,并且在 d 天内运输完成。如果你是舰长,请问如何设计运输舰的最小运输能力最为合适?

2）基本要求

（1）设计数组存储输入的待运输物资的重量,并且要按顺序排序。

（2）输入最大运输天数。

（3）可以不用按照物资顺序进行装运。

第9章 排　　序

排序是数据结构中一种常见的重要操作，在实际问题中应用广泛。本章从基本概念入手，对典型排序算法进行介绍。设计了 3 大类共计 14 个实验，包括奥运排行榜、舰队训练等实际场景，读者可以结合实际情况选择完成相应的实验。

9.1　基　本　概　念

本节介绍排序方法中的一些基本概念，排序的定义，以及几大类典型的排序方法：插入排序、交换排序、选择排序、归并排序、基数排序。并根据时间复杂度、空间复杂度等指标对几种排序方法进行对比。

1. 排序

排序是使原序列的数据元素按照其关键字值递增或递减的排序过程。

2. 插入排序

插入排序非常简单直观，它是在一个已经有序的序列中，插入一个新的记录。它的基本思想为：将待排序记录按照关键字大小插入有序子序列中。插入排序有直接插入排序、折半插入排序、希尔排序。

（1）直接插入排序。

直接插入递增排序的基本思想：将序列中的第 1 个记录看成一个有序的子序列，然后从第 2 个记录起，找到待插入元素在有序子序列中应该被插入的位置，移动元素腾出插入空间，将待插入元素复制到插入位置，直至全部记录插入排序完成，整个序列变成按关键字非递减的有序序列为止，如图 9.1 所示。

初始关键字：	35 48 76 59 22 48 95 83
i=1　35	(35) 48 76 59 22 48 95 83
i=2　48	(35 48) 76 59 22 48 95 83
i=3　76	(35 48 76) 59 22 48 95 83
i=4　59	(35 48 59 76) 22 48 95 83
i=5　22	(22 35 48 59 76) 48 95 83
i=6　48	(22 35 48 48 59 76) 95 83
i=7　95	(22 35 48 48 59 76 95) 83
i=8　83	(22 35 48 48 59 76 83 95)

图 9.1　直接插入排序过程

（2）折半插入排序。

折半插入排序是对直接插入排序的改进。直接插入排序有查找和插入两个步骤，而顺序查找需要的时间复杂度较高。折半插入排序是先进行折半查找，降低查找的时间复杂度，找出元素的待插入位置，然后统一移动待插入位置之后的元素。

（3）希尔排序。

希尔排序又称"缩小增量排序"，它的基本思想是，先将整个待排序记录序列按一定增量分割成为若干子序列，对每一子序列分别进行直接插入排序，待整个序列中的记录"基本有序"时，再对全体记录进行一次直接插入排序。

3．交换排序

交换类排序的核心是"交换"，即每一趟排序，都通过一系列的"交换"动作，让一个记录排到它的最终的位置上。属于这类排序的有冒泡排序、快速排序。

（1）冒泡排序。

冒泡排序的基本思想：对于待排序表，比较相邻的元素，若为逆序则交换；对每一对相邻元素都进行同样操作，最后一个元素应为序列中最大的数；对除了最后一个元素之外的所有元素重复以上操作；每次持续对越来越少的元素重复以上操作，直到没有任何一对元素需要交换为止。

（2）快速排序。

快速排序是对冒泡排序的一种改进。它的基本思想是，通过一趟排序将待排记录分割成独立的两部分，其中一部分记录的关键字均比另一部分记录

的关键字小，然后分别对这两部分记录继续进行排序，直到达到整个序列有
序。快速排序的一趟排序过程如图 9.2 所示。

初始关键字：	49 38 65 97 76 13 27
进行第1次交换之后：	27 38 65 97 76 13 □
进行第2次交换之后：	27 38 □ 97 76 13 65
进行第3次交换之后：	27 38 13 97 76 □ 65
进行第4次交换之后：	27 38 13 □ 76 97 65
完成一趟排序：	27 38 13 49 76 97 65

图 9.2   快速排序的一趟排序过程

4. 选择排序

选择类排序的核心是"选择"，即每一趟排序都选出一个最小的（或最大
的）记录，把它和序列中的第 1 个（或最后一个）记录交换，这样最小（或
最大）的记录被查找到。属于这类排序的有简单选择排序、堆排序。

（1）简单选择排序。

简单选择排序的基本思想为：排序表为 $L[1\cdots n]$，第 i 趟排序开始，当前
有序区为 $L[1\cdots i-1]$，无序区为 $L[i\cdots n]$，第 i 趟排序即是从无序区中选择关键
字最小的元素与 $L[i]$ 进行交换，形成新的有序区 $L[1\cdots i]$ 和无序区 $L[i+1\cdots n]$。
所以进行 $n-1$ 趟排序即可使整个排序表有序。

（2）堆排序。

堆排序是利用堆的特性对记录序列进行排序的一种排序方法，是一种树
形选择排序方法。堆是具有以下性质的完全二叉树：每个结点的值都大于或
等于其左右孩子结点的值，这样的堆称为大顶堆；或者每个结点的值都小于
或等于其左右孩子结点的值，称为小顶堆。

堆排序的基本思想：对初始序列进行建堆，将待排序序列构造成一个大
顶堆，此时整个序列的最大值就是堆顶的根结点。将根结点与末尾元素进行
交换，则末尾就是最大值。然后将剩余 $n-1$ 个元素重新构造成一个堆，这样
会得到 n 个元素的次大值。如此反复执行，即可得到一个有序序列。

5. 归并排序

所谓归并就是将两个或两个以上的有序序列合并成一个新的有序序列，

归并类排序就是基于这种思想。常见的二路归并排序，就是每次把两个组归并成一个新组。二路归并排序的过程如图 9.3 所示。

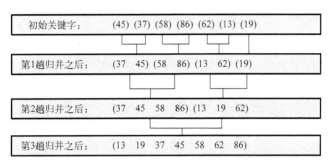

图 9.3 归并排序

6. 基数排序

基数类的排序是最特别的一类，它不需要进行"比较"和"移动"这两个操作，而是基于多关键字排序的思想，把一个逻辑关键字拆分成多个关键字，对单逻辑关键字进行排序。

7. 排序方法性能对比

前面已经介绍了时间复杂度和空间复杂度的概念，表 9.1 中给出了各种排序算法的性能对比。

表 9.1 各种排序算法性能对比

排序方法	时间复杂度			空间复杂度
	平均情况	最好情况	最坏情况	
直接插入排序	$O(n^2)$	$O(n)$	$O(n^2)$	$O(1)$
折半插入排序	$O(n^2)$	$O(n)$	$O(n^2)$	$O(1)$
希尔排序	$O(n\log n) \sim O(n^2)$	$O(n^2)$	$O(n\log n)$	$O(1)$
冒泡排序	$O(n^2)$	$O(n^2)$	$O(n^2)$	$O(1)$
快速排序	$O(n\log n)$	$O(n^2)$	$O(n\log n)$	$O(1)$
简单选择排序	$O(n^2)$	$O(n^2)$	$O(n^2)$	$O(1)$
堆排序	$O(n\log n)$	$O(n\log n)$	$O(n\log n)$	$O(1)$
归并排序	$O(n\log n)$	$O(n\log n)$	$O(n\log n)$	$O(n)$
基数排序	$O(n*k)$	$O(n*k)$	$O(n*k)$	$O(n+k)$

9.2　运　算　操　作

排序算法实现方法多样，在不同存储方式下存在一定差别。本节仅介绍几种常用的排序算法，包括直接插入排序、折半插入排序、希尔排序、冒泡排序、快速排序、简单选择排序和堆排序，并给出上述操作的实现代码，为后续上机实验提供基础。

1. 直接插入排序算法

```
void InsertSort( int a[], int n )
{   // n 为数组 a[]长度减 1, 0 下标不用
int i, j;
for ( i = 2; I <= n; i++ )     //依次将 a[2]~a[n]插入到前面已排序列
    for ( j = i - 1; j >= 0 && a[j] > a[j+1]; j-- )
            Swap( a[j], a[j+1] ); //交换
}
void Swap(int &a, int &b)                //交换算法
{
    int c = a;
    a = b;
    b = c;
}
```

2. 折半插入排序算法

```
void BInsertSort ( int a[], int n )
{    // n 为数组 a[]长度减 1
int i, j, low, high, mid;
for( i=2; i<=n; i++ ){       //依次将 a[2]~a[n]插入到前面已排序列
        a[0]=a[i];
        low=1; high=i-1;
        while( low<=high ){              //折半查找
            mid=( low+high )/2;          //取中间点, 下取整
            if( a[mid]>a[0] )
                    high=mid-1;          //查找左半边
            else
                    low=mid+1;           //查找右半边
        }
```

```
        for( j=i-1; j>=low; --j )
            a[j+1]=a[j];                //后移元素
            a[low]=a[0];                //插入元素
        }
}
```

3. 希尔排序算法

```
void ShellSort( int a[], int n )
{   // n 为数组 a[]的长度
  int i, j, d, save;
  for( d=n/2; d>=1; d=d/2 )                //步长变化
      for( i=d; i<n; i++ )
          {
              save=a[i];                  //暂存于 save
              for( j=i-d; j>=0 && save<a[j]; j-=d )
                  a[j+d]=a[j];            //后移元素，空出插入位置
              a[j+d]=save;                //插入元素
          }
}
```

4. 冒泡排序算法

```
void BubbleSort( int a[], int n )
{   // n 为数组 a[]长度
    int j, k;
    int flag;
    flag = n;
    while( flag > 0 )
      {                                   //进行 n 次冒泡排序
      k = flag;
      flag = 0;
      for (j = 1; j < k; j++)             //一次冒泡过程
      if (a[j - 1] > a[j])
          {                               //若逆序
              Swap(a[j - 1], a[j]);       //交换元素
              flag=j;
          }
      }
}
```

5. 快速排序算法

```
void QuickSort( int a[], int low, int high )
{  // low 和 high 为数组 a[]第 1 个元素和最后一个元素的下标
    if(low < high)
    {
        int piv = Partition(a,low,high); //划分
        QuickSort(a,low,piv - 1);      //对左子表进行递归排序
        QuickSort(a,piv + 1,high);     //对右子表进行递归排序
    }
}
int Partition(int a[],int low,int high)
{   //划分算法（一趟排序过程）
    int hub=a[low];            //设第 1 个元素为枢纽值进行划分
    while(low < high)
    {
        while(low < high&&a[high] >= hub)
           --high;
        a[low] = a[high];      //将比枢纽值小的元素全部移动到左边
        while(low<high&&a[low]<=hub)
           ++low;
        a[high] = a[low];      //将比枢纽值大的元素全部移动到右边
}
    a[low] = hub;              //将枢纽值放到最终位置
    return low;                //返回枢纽值的最终位置
}
```

6. 简单选择排序算法

```
void SelectSort(int a[], int n)
{  // n 为数组 a[]长度
    int i, j, nMinIndex;
    for (i = 0; i< n-1; i++)
    {          //进行 n-1 趟排序
    nMinIndex = i;              //找最小元素的位置
       for (j = i + 1; j < n; j++)
       {          //在 a[i…n-1]中选择最小的元素
           if (a[j] < a[nMinIndex])
           nMinIndex = j;       //更新最小元素位置
       }
```

```
        Swap(a[i], a[nMinIndex]);    //将这个元素放到无序区的开头
    }
}
```

7. 堆排序算法

```
void HeapSort(int a[],int len)
{   // n 为数组 a[]长度减 1
    int i;
    BuildMaxHeap(a,len);               //建立大顶堆
    for(i=len;i>1;i--)
    {                                  //进行 n-1 趟交换
        Swap(a[i],a[1]);               //堆顶和堆底元素进行交换
        AdjustDown(a,1,i-1);           //把剩下 i-1 个元素整理成堆
    }
}
void BuildMaxHeap(ElemType a[], int len)    //建立大顶堆
{
    for(int i=len/2;i>0;i--)                //调整堆
        AdjustDown(a,i,len) ;
}
void AdjustDown(ElemType a[],int k,int len) //调整堆
{
    int i;
    a[0]=a[k];                         //a[0]暂存
    for(i=2*k;i<=len;i*=2)
    {                                  //沿 key 较大的子结点向下筛选
        if(i<len&&a[i]<a[i+1])
            i++;                       //选 key 较大的子结点的下标
        if(a[0]>=a[i])
            break;                     //筛选结束
        else
        {
        a[k]=a[i];                     //a[i]调整至双亲结点
        k=i;                           //修改 k 值，向下筛选
        }
    }
    a[k]=a[0];                         //被筛选结点的值放入最终位置
}
```

9.3　上机实验——实验七

上机实验包括验证性实验、设计性实验和综合性实验 3 类。读者可以结合自身程序设计基础，选择一类或者几类进行实验。如果选择验证性实验，要求完成实验中的 7 个排序算法的验证。对于设计性实验或综合性实验，任选一个实验完成即可。下面对 3 类实验的具体内容进行介绍。

9.3.1　验证性实验

1. 直接插入排序算法验证

由键盘或文件输入待排序关键字序列，如{96,35,67,55,29,17,41}，采用直接插入排序算法对该序列进行从小到大排序，并输出排序前的关键字序列和排序后的关键字序列。

2. 折半插入排序算法验证

由键盘或文件输入待排序关键字序列，如{96,35,67,55,29,17,41}，采用折半插入排序算法对该序列进行从小到大排序，并输出排序前的关键字序列和排序后的关键字序列。

3. 希尔排序算法验证

由键盘或文件输入待排序关键字序列，如{58,26,37,83,67,15,31,45,7}，采用希尔排序算法对该序列进行从小到大排序，并输出排序前的关键字序列和排序后的关键字序列。

4. 冒泡排序算法验证

由键盘或文件输入待排序关键字序列，如{7,53,16,85,12,27,62}，采用冒泡排序算法对该序列进行从小到大排序，并输出排序前的关键字序列和排序后的关键字序列。

5. 快速排序算法验证

由键盘或文件输入待排序关键字序列，如{23,87,44,16,29,68,31,20}，采用快速排序算法对该序列进行从小到大排序，并输出排序前的关键字序列和排序后的关键字序列。

6. 简单选择排序算法验证

由键盘或文件输入待排序关键字序列，如{26,19,65,7,13,63,47,58}，采用简单选择排序算法对该序列进行从小到大排序，并输出排序前的关键字序列和排序后的关键字序列。

7. 堆排序算法验证

由键盘或文件输入待排序关键字序列，如{23,17,71,64,25,9,68,70,56}，采用堆排序算法对该序列进行从小到大排序，并输出排序前的关键字序列和排序后的关键字序列。

9.3.2　设计性实验

1. 第 k 个值问题

1）问题描述

有两个数列 A 和 B，A 中有 n 个数，B 中有 m 个数。把 A 中的每一个数分别与 B 中的每一个数乘起来，对得到的 $n×m$ 个数进行从小到大排序，求其中第 k 个数。

2）基本要求

（1）给出算法的基本设计思想。

（2）编写程序，满足上述要求。

（3）由键盘输入数列 A 和 B，以及 n、m 和 k，界面友好。

（4）分析算法的时间复杂度和空间复杂度。

2. 打印名单问题

1）问题描述

水下机器人大赛报名结束，工作人员要打印出参赛人员名单，按照地区、所在学校、队伍依次打印出人员名单。设计一个算法实现打印名单,以字典序依次按照地区、学校、队伍输出人员名单。

2)基本要求

(1)给出算法的基本设计思想。

(2)编写满足上述要求的程序。

(3)能够由键盘或文件输入参赛人员信息,界面友好。

(4)分析算法的时间复杂度和空间复杂度。

3. 舰队训练问题

1)问题描述

海军某舰队准备组织一次训练,一共有 n 个训练任务,每一个任务都有开始时间、结束时间和训练效果分。现在舰队参谋部有一份训练任务表,包含开始时间、结束时间和训练效果分。请计算并返回可能获得的最大训练效果分数。注意,时间重叠的两个训练任务不能同时进行,但是前一个任务结束后可以立即进行下一个任务。

2)基本要求

(1)给出算法的基本设计思想。

(2)编写满足上述要求的程序。

(3)能够由键盘或文件输入训练任务相关信息,界面友好。

(4)分析算法的时间复杂度和空间复杂度。

(5)开始时间、结束时间和训练效果分数用 3 个等长的数组存储。

9.3.3 综合性实验

1. 用快速排序实现螺母和螺栓配对问题

1)问题描述

航母作为世界上最为大型的水面军舰,意义非凡,其制造工序严谨,小到每个螺丝钉都要分毫不差。现有一个盒子里装有 n 个螺母和 n 个螺栓,螺母和螺栓一一对应。请为每个螺母寻找其对应的螺栓。

2)基本要求

(1)只能螺母和螺栓比较,不能进行螺母和螺母、螺栓和螺栓的比较。

(2)螺母编号为 $A_1 \sim A_n$,螺栓编号为 $B_1 \sim B_n$,它们一一对应。设计一个高效算法实现螺母和螺栓匹配问题。

（3）分析算法的时间复杂度和空间复杂度。

2. 奥运奖牌排行榜问题

1）问题描述

每届奥运会比赛都会有一个奖牌榜，记录各个国家获得的奖牌数，但是各个国家公布方式略有不同。例如：中国金牌总数最多时，中国媒体公布的是"金牌榜"；美国的奖牌总数最多时，美国媒体公布的是"奖牌榜"；人口少的国家的媒体会公布"人均奖牌榜"；等等。设计一个系统实现查询功能。

2）设计要求

（1）输入参加奥运会国家总数（国家编号 $1 \sim n$）和查询的 m 个国家编号。

（2）排行方式：金牌榜为 a，奖牌榜为 b，人均金牌榜为 c，人均奖牌榜为 d。

（3）输出前来查询的国家"排名（排行方式）"。

（4）分析算法的时间复杂度和空间复杂度。

3）提示

注意排行榜国家并列时的排行编号和排列次序规则。

3. 用堆实现"稳定婚姻匹配问题"

1）问题描述

稳定婚姻匹配问题是生活中一个典型场景。某婚姻介绍所举办一场相亲活动，参加活动的有 n 位男士，集合为 $M = \{m_1, m_2, \cdots, m_n\}$；$n$ 位女士，集合为 $W = \{w_1, w_2, \cdots, w_n\}$。每位男士和每位女士之间均可进行短暂的交流，在每位男士心中按照喜爱程度，对 n 位女士均有一个打分优先表（假设没有分数相同的）；同样，在每位女士心中按照喜爱程度，对 n 位男士也有一个打分优先表（也无分数相同的）。若最后没有人是单身，且是一夫一妻制，则称得到了一个婚姻匹配集合。若这个婚姻集合中，不失一般性，设 $<m_1, w_1><m_2, w_2>$ 是一个婚姻匹配中的两个有序对，若是一个稳定的婚姻，必须满足如下要求：

（1）在 m_1 的优先表中，w_1 比 w_2 的优先级高，或在 w_2 的优先表中，m_2 比 m_1 的优先级高。

（2）在 m_2 的优先表中，w_2 比 w_1 的优先级高，或在 w_1 的优先表中，m_1 比 m_2 的优先级高。

　　由于要求（1）使得 m_1 不会放弃自己目前选择的婚姻，或 w_2 不愿放弃目前选择的婚姻，产生 m_1 无法放弃目前选择的婚姻；而要求（2）使得 m_2 不会（也无法）放弃目前选择的婚姻，因此这是一个稳定的婚姻匹配。

　　2）基本要求

　　（1）给出数据结构和算法的基本设计思想。

　　（2）编写程序输出一个稳定婚姻匹配。

　　（3）从键盘或文件输入 n 及男士集合和女士集合。

　　（4）输出匹配结果，界面友好。

　　（5）分析算法的时间复杂度和空间复杂度。

　　3）提示

　　每次选择一位尚未对在场的任何一位女士求过婚且自由的男士 m，找出 m 的打分优先表中还没有被求过婚的分数最高的女士 w。若 w 未被求过婚，则 (m,w) 变为约会状态；若 w 目前正在与男士 m' 约会，而且 w 更喜爱 m，则 m' 变为自由，(m,w) 变为约会状态。

　　4. 考试日程安排与成绩统计问题

　　1）问题描述

　　现要安排考试的日程表。假设共有 10 个班的学生，要安排 10 门必修课程的考试，必修课程是以班级来确定的，每个班各有 3 门必修课，因此各班的考试科目是不相同的。安排日程表的原则是相同课程采用统一的试卷，因此同一门课程的考试必须在相同时间进行，同一个班所修的科目必须安排在不同的时间进行考试，以避免考试时间冲突，要求全部考试的日程尽可能地短。

　　2）设计要求

　　对考试结果做统计和排序。假设分别以编号 0,1,2,3,4,5,6,7,8,9 代表 10 门要考试的课程，以 $B_1,B_2,B_3,B_4,B_5,B_6,B_7,B_8,B_9,B_{10}$ 代表 10 个班，每个学生的信息包括学号、姓名、班级、各门考试课程成绩、3 门课程总成绩，每个班的学生人数自行设定。设计一个简单的考试日程表和考试成绩的查询统计系统，并实现以下功能：

　　（1）从键盘或文件输入考试课程、各班必修课相关信息。

　　（2）输出考试场次无冲突的考试日程表，界面友好。

　　（3）从键盘或文件输入每个学生的信息。

　　（4）显示学生考试情况。

①按考试总分从高到低输出全体学生的信息。

②按照从 B_1 到 B_{10} 的班级顺序，分班级按照考试总分从高到低的顺序输出各班学生的信息。

（5）统计成绩。

①按总成绩统计出 90 分以上、80～89 分、70～79 分、60～69 分、60分以下各分数段的人数，并按总分从高到低、分段输出。

②根据指定的某门课程的成绩，统计出上述各分数段的人数，并按分数从高到低、分段输出。

③统计并输出指定班级中总成绩或某一门课成绩的各分数段人数和每个学生具体的信息。

（6）查找学生成绩。

①查找总分或某一门课程成绩的指定分数段的人数及学生的详细信息。

②查找指定班级总分或某一门课程成绩属于某分数段的学生详细信息。

③查找指定学生（例如给定学号）的具体信息。

（7）系统以主菜单的形式进行控制，在主菜单界面通过选择菜单项的序号来实现上述功能。

实验报告篇

第 10 章　实验报告要求与评分标准参考

10.1　实验报告要求

在每一次实验完成后，需要提交相应的实验报告，主要包括以下几方面内容。

1. 基本信息

基本信息是指实验人员的基本信息，包括：实验项目名称、实验类型、班级、学号、姓名、实验日期。

2. 问题描述

问题描述是对问题背景、问题内容、问题约束条件等进行的叙述。问题描述的主要任务是弄清要解决的问题是什么，阐述问题的基本要求及应实现的功能，明确要完成的任务，以及数据的输入、输出形式。

3. 数据结构设计

通过对问题的分析，给出由具体语言描述的数据结构定义，并阐述定义理由。

4. 算法设计

算法设计主要介绍本设计从整体上划分为几个模块，每个模块需要完成的功能是什么。给出功能（函数）说明，画出函数之间的调用关系图。就每一个函数，给出算法思想及用伪代码编写的算法描述。

5. 抽象数据类型的设计

根据所设计的数据结构和函数接口，设计抽象数据类型。

6. 界面设计

介绍提供给用户操作的界面及必要的使用说明，适当说明程序的使用流程。

7. 运行、测试与分析

给出有代表性的测试用例，并加以简单的文字说明。注意，程序运行要覆盖算法的各种可能情况。给出程序运行结果的截图，并分析程序的时间复杂度和空间复杂度。

8. 实验收获及思考

主要指出算法的特点，在实现该实验基本要求的前提下，还可以进行哪些方面的功能扩展，特别是重点说明实验最有价值的内容。上机实验后有哪些想解决、但尚未解决的问题，在哪些方面需要进一步了解或得到帮助，以及编程实现实验的感悟等内容。

9. 源代码

源程序要按照编写程序的规则来编写，结构清晰。每个函数均需要在函数头前注释该函数的简要功能，函数中的关键语句需要添加注释。

10.2　评分标准参考

本书结合理论课程教学内容，共安排 7 次实验，评分内容主要包括现场上机检查情况和实验报告两部分。课程总分 100 分。实验一至实验六：每个实验内容满分 14 分；实验七：每个实验满分 16 分；除实验七之外，每个实验考核内容具体为上机检查 9 分、实验报告 5 分。具体的实验现场上机检查成绩评定参考标准、实验报告成绩的评定标准如表 10.1、表 10.2 所示。

表 10.1　实验现场上机检查成绩评定参考标准

分数	实验检查的标准
5 分	选择验证性实验，能够独立完成全部实验内容，程序能够正常运行，测试结果正确，问题回答不完整或不完全正确
7 分	选择设计性实验，能够按时独立完成全部实验内容，内容充实完整，程序运行流畅，测试结果正确，完成界面设计，并能够基本正确地回答问题
9 分（实验一～实验六）/10 分（实验七）	选择综合性实验，能够积极独立完成全部实验内容，内容充实完整，程序运行流畅，测试结果正确，界面设计美观，具有容错能力和提示，并能够完全正确地回答提出的问题

注：根据现场检查情况、实验内容及回答问题情况，可以酌情扣分。

表 10.2　实验报告成绩的评定标准

分数	实验报告标准
1 分	1. 按时提交实验报告，报告内容存在部分错误。 2. 报告格式差，存在文字错误。 3. 报告逻辑结构差，报告完成质量差。 4. 未能包括要求的全部实验内容
2 分	1. 按时提交实验报告，报告内容无原则性错误。 2. 报告格式差，无文字性错误。 3. 报告逻辑结构较合理，实验内容一般。 4. 报告完成质量较差
3 分	1. 按时提交实验报告，报告内容无原则性错误。 2. 报告逻辑结构一般，无文字性错误。 3. 报告格式一般，实验内容较充实。 4. 报告完成质量一般
4 分	1. 按时提交实验报告，报告内容无原则性错误。 2. 报告逻辑结构合理，无文字性错误。 3. 报告格式较好，实验内容充实。 4. 报告完成质量较高
5 分（实验一～实验六）/6 分（实验七）	1. 按时提交实验报告，报告内容无原则性错误。 2. 报告逻辑结构合理，无文字性错误。 3. 报告格式规范，实验内容充实。 4. 报告完成质量高

第 11 章　实验报告样例

1. 问题描述

设计一个简单的学生信息管理系统,实现学生基本信息(主要包括学号、姓名、性别、入学时间、入学成绩、专业、爱好)的存储与管理,便于对学生信息的查询、浏览等,为学生管理工作提供支撑。系统具备以下功能:记录添加、记录删除、按学号查询、记录显示等。

2. 数据结构设计

每个学生的基本信息含有多个属性,为此可根据学生信息建立结构体,如下:

```
typedef struct
{   int number;              //学号
    char *name;              //姓名
    time intake;             //入学时间
    int score;               //入学成绩
    char *speciality;        //专业
    char *hobby;             //爱好
} student;
```

入学时间包括年、月、日,年为 4 位数,月和日均为 2 位数。为此建立如下结构体来表示入学时间类型。

```
typedef struct
{   char year[4];            //年
    char month[2];           //月
    char day[2];             //日
} time;
```

针对本问题,学生记录可按录入顺序或学号形成唯一前驱和后继关系,所以选用线性表存储学生记录。若考虑到变动的学生数及经常进行插入与删除，宜采用链式存储。存储结构定义如下：

```
typedef struct
{   student record;          //学生记录
    student *next;           //指向下一个记录的指针
} StuNode, *StuList;
```

为了简化插入与删除算法，采用带头结点的单链表。另外，为了方便查询、插入及删除操作，该单链表按学号有序存储。

3. 算法设计

系统规定的功能设计的算法有记录插入、按学号查询、记录删除及记录显示。如果记录以交互方式创建，还涉及创建算法。

1）记录插入

因为表按学号有序存储，记录插入将按新记录的学号进行插入。算法如下。

（1）创建一个新结点 s，输入新结点的数据。为了界面友好，可提供输入提示。

（2）插入位置定位。根据单链表结点插入算法，指针定位到插入点之前，设此处为 p，则插入位置满足关系：p->next->record.number < S->record.number 并且 s->record. number≤p->next->record.number。所以，寻找插入位置的方法是从表头开始，寻找满足此关系的 p。主要代码如下。

```
P = L;
while (p->next != NULL && p->next->record.number < s->record.number)
p = p->next;
```

（3）将新结点 s 插在 p 之后。主要代码如下。

```
s->next = p->next;
p->next = s;
```

2）表创建算法

对于有头结点的单链表，操作步骤如下。

（1）创建头结点。主要代码如下。

```
StuList L;
L = new StuNode;
L->next = NULL;
```

（2）调用结点插入算法，创建各个记录。

3）按学号查询

实现按学号的记录查找。操作步骤如下。

（1）输入要查询的学号 number。

（2）从表头开始，顺序查找，找到，返回该结点指针；否则，返回空。主要代码如下。

```
p=L->next;                 //查找起始位置
if(!p)
    return NULL;
while(p->record.number != number&& p->next)
    p = p->next;           //顺序查找
if(p->record.number == number)
    return p;              //找到，返回结点位置
else
    return NULL;           //未找到，返回空
```

4）记录删除

实现删除指定学号的记录。操作步骤如下。

（1）输入要删除的记录的学号 number。

（2）从表头开始，顺序查找，定位到删除点的前驱。主要代码如下。

```
pre = L;
q = pre->next;
while(q && q->record.number != number)
{
    pre = q;
    q = q->next;
}
```

（3）如果未找到，不删除；否则，从链表删除该结点。主要代码如下。

```
if(q)
{
    pre->next = q->next;
    delete q;
}
```

5）记录显示

通过遍历，显示各结点的值。

从表头开始，顺序查找并输出。主要代码如下。

```
pre = L;
while(pre->next)
printf("%d", pre->next.number)
```

4．界面设计

程序包含多个功能，所以采用菜单形式，以方便用户进行功能选择。菜单如图 11.1 所示。

图 11.1　程序菜单设计界面

5．运行、测试与分析

（1）运行程序，显示菜单界面，如图 11.2 所示。

图 11.2　菜单界面

（2）按"1"创建数据表。根据提示，输入记录个数，并输入各条记录。插入过程与插入记录类似。

（3）按"2"插入学生记录。根据提示输入记录内容，如图 11.3 所示。

图 11.3　学生记录插入界面

（4）按"3"，进行删除学生记录操作，如图11.4所示。

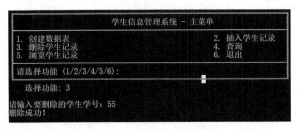

图 11.4　学生记录删除界面

根据提示，输入要删除记录的学号。若存在，显示"删除成功"；否则，显示"不存在，无法删除"。

（5）按"4"，进行学生记录查询，如图11.5所示。

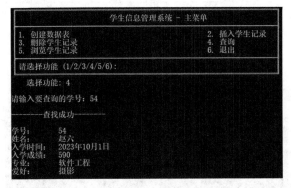

图 11.5　学生记录查询界面

根据提示，输入要查询的学生的学号。若存在，显示该记录；否则，显示"不存在该学生"。

（6）按"5"，进行学生记录浏览，如图11.6所示。

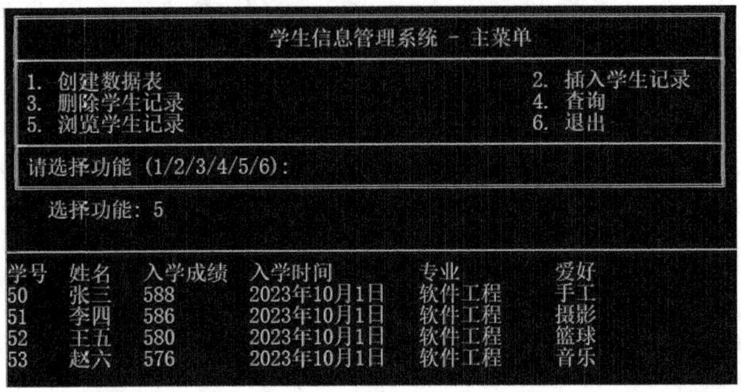

图 11.6　学生浏览记录界面

（7）按"6"，退出程序。

6. 实验收获及思考

梳理回顾本次实验工作全过程，特别是调试中遇到的问题及解决的方法和过程，总结本次实验的收获及思考的问题等，为后续实验和下一阶段学习奠定基础。

参 考 文 献

陈建新, 李志敏, 2010. 数据结构实验指导与课程设计教程. 北京: 科学出版社.

陈燕, 2023. 数据结构（C 语言版）. 北京: 科学出版社.

陈志贤, 2022. 数据结构. 北京: 科学出版社.

李春葆, 2017. 数据结构教程上机实验指导. 5 版. 北京: 清华大学出版社.

李春葆, 2022. 数据结构教程. 6 版. 北京: 清华大学出版社.

李冬梅, 张琪, 2017. 数据结构习题解析与实验指导. 北京: 人民邮电出版社.

刘大有, 杨博, 黄晶, 等, 2016. 数据结构. 3 版. 北京: 高等教育出版社.

严蔚敏, 李冬梅, 吴伟民, 2022. 数据结构（C 语言版）. 北京: 清华大学出版社.

附录　实验环境搭建教程

附录 A　Dev-C++下载、安装、使用教程

1. 实验环境介绍

Dev-C++是 Windows 下适合初学者使用的轻量级 C/C++集成开发环境（IDE），它遵守 GPL 许可协议，包含了多页面窗口、工程编辑器和调试器等，并有高亮度语法显示，用来减少编辑错误，适合初学者和编程高手的不同需求，是学习 C 或者 C++的首选开发工具。

2. 实验工具下载

打开搜索页面，搜索"Dev-C++下载"，建议进入官方网站下载，如附图 A-1 所示。网页打开之后，单击页面中的"Download"按钮，下载最新版的 Dev-C++ IDE 安装包。

附图 A-1　Dev-C++下载界面

3. 实验工具安装

（1）双击运行"Dev-Cpp 5.11 TDM-GCC 4.9.2 Setup.exe"，运行安装程序，如附图 A-2 所示。每一步按默认选择后等待即可。

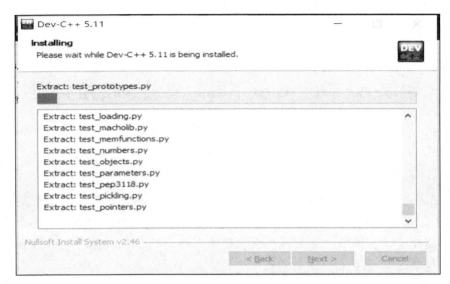

附图 A-2　Dev-C++安装界面

（2）当 Dev-C++安装结束后，会弹出"首次运行配置"窗口，如附图 A-3 所示。在该窗口中，选择语言为"简体中文"，然后单击"Next"按钮进入下一步。

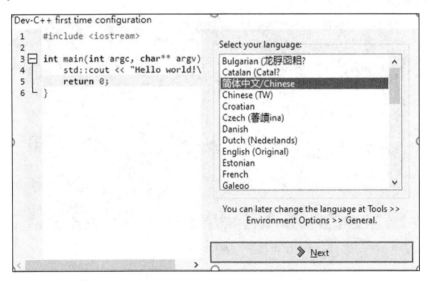

附图 A-3　首次运行配置窗口

（3）在主题选择窗口中，可以选择编辑器的字体、颜色和图标，如附图 A-4 所示。设置完后，单击"Next"按钮进入下一步。

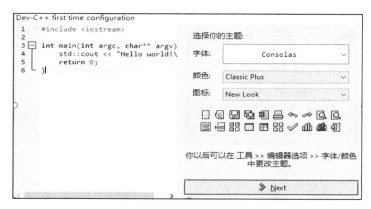

附图 A-4 主题选择窗口

（4）弹出如附图 A-5 所示的 Dev-C++ IDE 主界面，说明安装完成。

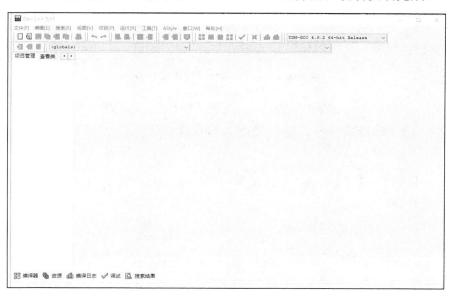

附图 A-5 Dev-C++ IDE 的主界面

4. 入门使用

（1）在 Dev-C++ IDE 主界面中，依次单击左上角菜单栏上的"文件→新建→项目"命令，弹出"新项目"窗口，创建新的开发项目，如附图 A-6 所示。在"新项目"窗口中，选择"Basic"选项卡（默认）下的"Console Application"图标，项目类型选择 C/C++项目，名称命名为"HelloWorld"（可以自定义），单击"确定"按钮即可创建新项目。

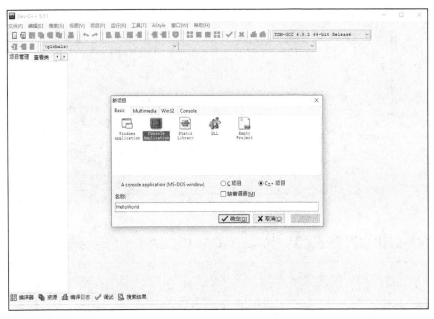

附图 A-6　　Dev-C++ IDE 新建项目窗口

（2）在弹出的"另存为"窗口中，选择新项目的保存路径。可以在一个公共目录下新建一个新项目的文件夹，用来存放项目的相关文件，如附图 A-7 所示。

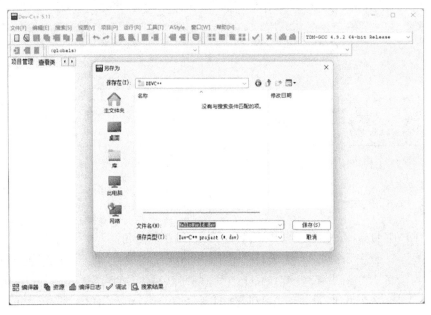

附图 A-7　　新建项目文件夹

（3）项目文件夹创建完毕，单击 IDE 界面菜单中的"运行→编译运行"命令（也可以使用 F11 功能键），执行项目编译。弹出 main.cpp 文件保存对话框，如附图 A-8 所示。让它与项目文件存储于同一目录下，单击"保存"按钮保存文件。

附图 A-8　文件保存对话框

（4）执行编译，弹出控制台界面，可以看到程序运行结果，如附图 A-9 所示。

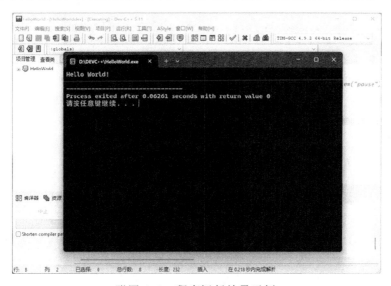

附图 A-9　程序运行结果示例

附录 B Code::Blocks 下载、安装、使用教程

1. 介绍

Code::Blocks 是一款免费开源的 C/C++和 Fortran IDE，支持 GCC、MSVC++等多种编译器，甚至还可以导入 Dev-C++的项目。Code::Blocks 的优点是跨平台，在 Linux、Mac、Windows 系统都可以运行，且自身体积小，安装非常方便。截止到 2023 年 10 月，Code::Blocks 的最新版本是 20.03。

2. 下载

Code::Blocks 官网根据不同的用户给出了不同的下载版本，有集成 GCC 编译器的也有不集成编译器的，有需要本机管理员权限的，也有不需要的，用户可根据实际情况自行选择下载。本课程的学习重点在于数据结构和相关算法，因此不过多介绍编译器的安装，可以直接下载集成 GCC 编译器且授予管理员权限即可。

进入官方下载地址，选择 codeblocks-20.03mingw-setup.exe 下载即可，也可选择免安装版的 codeblocks-20.03mingw-nosetup.zip。

3. 安装

（1）双击下载的 exe 程序，直接进入安装软件欢迎界面，如附图 B-1 所示。单击"Next"按钮跳转到下一步即可。

（2）同意 Code::Blocks 的各项安装条款，条款与协议界面如附图 B-2 所示。

（3）选择需要安装的软件组件，安装程序默认选择全部安装，也可以自行选择需要的组件。软件组件选择界面如附图 B-3 所示。选择完成后单击"Next"按钮。

附图 B-1　安装软件欢迎界面

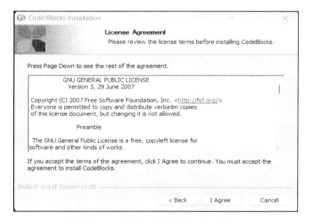

附图 B-2　软件安装的条款与协议

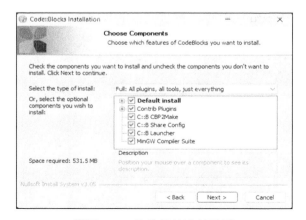

附图 B-3　软件组件选择界面

（4）设置安装路径，安装路径设置如附图 B-4 所示。设置完成后单击"Install"按钮，等待安装完成即可。注意，安装路径中不能有中文。

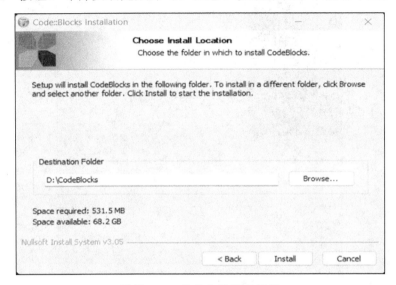

附图 B-4　软件安装路径设置

（5）安装完成后，在该页面单击"Next"按钮即可，如附图 B-5 所示。

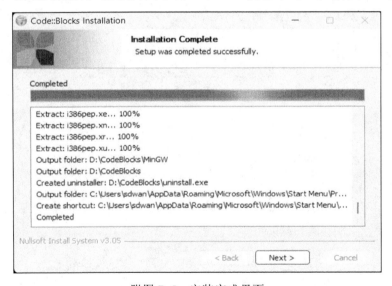

附图 B-5　安装完成界面

（6）在软件安装完成界面单击"Finish"按钮完成安装，如附图 B-6 所示。

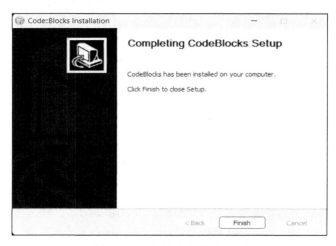

附图 B-6　软件安装完成界面

4. 入门使用

（1）打开 Code::Blocks，设置默认编译器为 GNU GCC Compiler，并单击"OK"按钮，如附图 B-7 所示。

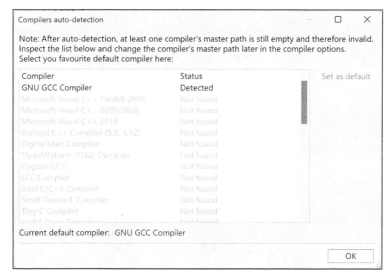

附图 B-7　默认编译器设置界面

（2）设置软件是否关联 C/C++文件。设置完成后单击"OK"按钮，如附图 B-8 所示。

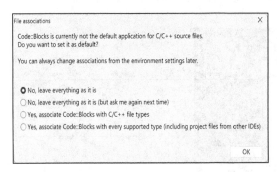

附图 B-8　关联文件设置

（3）在软件主界面选择新建一个项目，如附图 B-9 所示。

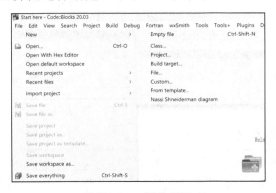

附图 B-9　新建项目

（4）选择创建一个控制台程序 Console Application，单击"Go"按钮，如附图 B-10 所示。

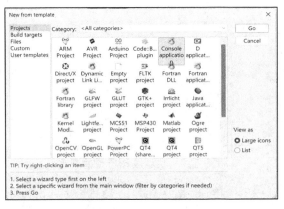

附图 B-10　选择控制台程序

（5）在项目介绍页面中，直接单击"Next"按钮，如附图 B-11 所示。

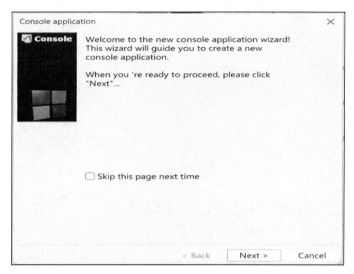

附图 B-11 Console application 介绍

（6）选择项目使用的编程语言，选择 C 或者 C++均可，如附图 B-12 所示。

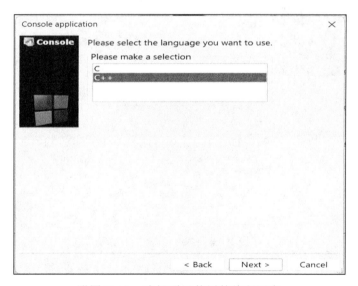

附图 B-12 选择项目使用的编程语言

（7）设置项目名称和路径，如附图 B-13 所示。注意，名称和路径都不要包含中文。

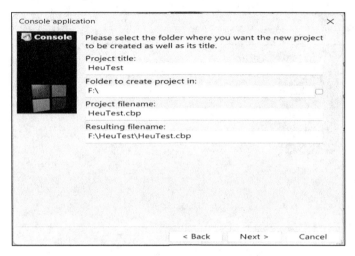

附图 B-13　设置项目名称和路径

（8）Debug 编译器设置，选中 Debug 和 Release 复选框后，单击"Finish"
按钮完成项目创建，如附图 B-14 所示

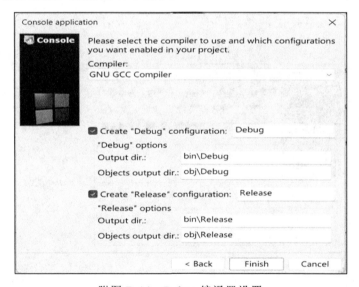

附图 B-14　Debug 编译器设置

（9）项目创建成功后，可以使用工具栏的相关按钮进行编译、运行和
Debug 等操作。项目界面如附图 B-15 所示。也可以使用快捷键 Ctrl+F9：编
译；F9 功能键：编译并运行当前代码（如果编译错误会提示错误而不会运行）；
F8 功能键：Debug。

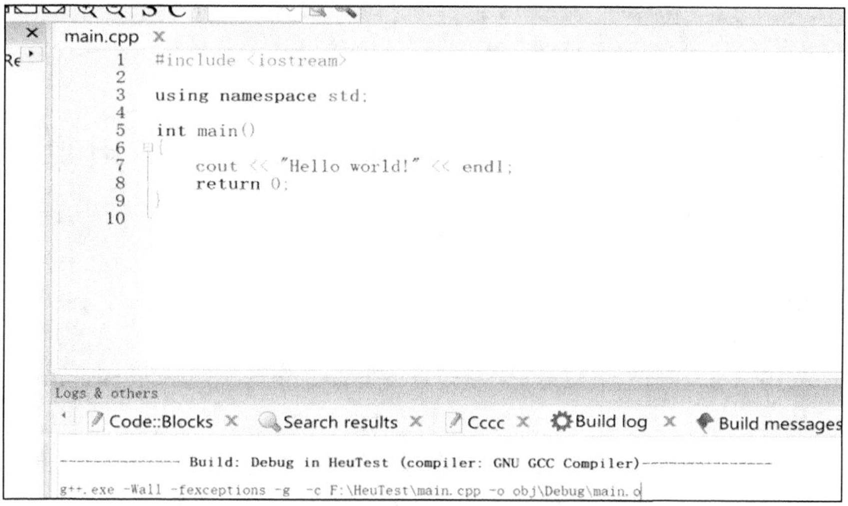

附图 B-15　项目界面

附录 C　MinGW-w64 下载、安装、使用教程

1. 介绍

MinGW-w64 来源于 MinGW，全称是 Minimalist GNU on Windows。它实际上是将经典的开源 C 语言编译器 GCC 移植到了 Windows 平台，并且包含了 Win32API，因此可以将源代码编译为可在 Windows 中运行的可执行程序。而且还可以使用一些 Windows 不具备的、Linux 平台下的开发工具。一句话来概括：MinGW 就是 GCC 的 Windows 版本。

MinGW 与 MinGW-w64 的区别在于 MinGW 只能编译生成 32 位可执行程序，而 MinGW-w64 则可以编译生成 32 位或 64 位可执行程序。MinGW 现在已被 MinGW-w64 所取代，且 MinGW 也早已停止了更新，内置的 GCC 停滞在 4.8.1 版本，而 MinGW-w64 内置的 GCC 则更新到了 6.2.0 版本。与其他集成开发环境（IDE）相比，MinGW-w64 没有图形界面，它是一组命令行工具集，任何操作都只能通过在命令行中输入命令的方式来执行，这会让习惯于图形界面的初学者感到不适应。但对于初学 C 语言的人来说，MinGW-w64 是正合适的编译器，因为使用 MinGW-w64 需要手动编译程序，使得初学者对编译过程更加直观，容易理解，也比较适合 C 语言学习。

2. MinGW-w64 下载与安装

（1）进入 MinGW-w64 官方网站首页，单击红框中的"Downloads" 按钮，进入 MinGW-w64 下载详情页面，如附图 C-1 所示。

（2）MinGW-w64 的下载详情页面如附图 C-2 所示。首先看到一个标题为 Pre-built toolchains and packages 的列表，这里是包含 MinGW-w64 及特定工具的整合包。本教程只安装 MinGW-w64，所以只需下载 MinGW-w64 即可。由于 MinGW-w64 托管在 SourceForge，单击红框中的"SourceForge"超链接，就会进入 SourceForge 中的 MinGW-w64 下载页面。

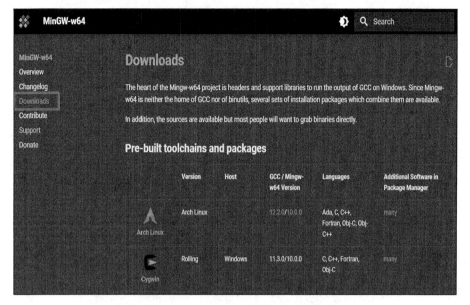

附图 C-1　MinGW-w64 官方网站首页

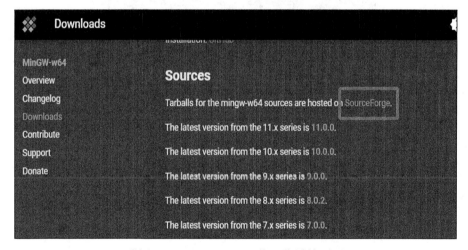

附图 C-2　MinGW-w64 的下载详情页面

（3）MinGW-w64 非常复杂，为了适应各种操作系统，它们的组件中会存在各种不同的版本，以适应不同的环境。本书选择适用于 Windows 系统的 exe 安装包。单击附图 C-3 线框中的"MinGM-W64-install.exe"超链接，将会下载 MinGW-w64 自动安装程序。

附图 C-3　SourceForge 中的 MinGW-w64 下载页面

（4）等待 5s 之后，浏览器会自动下载 mingw-w64-install.exe。

（5）附图 C-4 是 MinGW-w64 的等待下载页面。5s 之后，浏览器会自动下载 mingw-w64-install.exe。

附图 C-4　MinGW-w64 等待下载页面

（6）mingw-w64-intall.exe 下载完成之后，双击打开，单击"Next"按钮，安装程序会链接服务器，以便获取存储在仓库中的 MinGW-w64 的文件明细。欢迎界面如附图 C-5 所示。

附图 C-5　MinGW-w64 欢迎界面

（7）在选择界面中，可以根据所要搭建的开发环境选择不同的选项，从而下载所需的组件。MinGW-w64 组件版本选择界面如附图 C-6 所示。

附图 C-6　MinGW-w64 组件版本选择界面

初学者可以选择 Version、Architecture、Threads、Exception、Build revision 下拉列表中适当的选项。这些选项详细介绍如下。

Version 是 gcc 版本，一般选择最高的版本号即可。这里最高的版本号是 8.1.0。

Architecture 是指计算机系统的位数。如果是 64 位系统，选择 x86_64；如果是 32 位系统，则选择 i686 即可。

Threads 是指操作系统接口协议。如果想要开发 Windows 程序，需要选择 win32；而开发 Linux、UNIX、MacOS 等其他操作系统下的程序，则需要选择 posix。

Exception 是指异常处理模型。如果在 Architecture 中选择了 64 位，则这里有两个异常处理模型可供选择，seh 是新发明的，而 sjlj 则较老。seh 性能比较好，但不支持 32 位；sjlj 稳定性好，支持 32 位。

Build revision 默认选择即可。

选择完成后，界面如附图 C-7 所示。

（8）选择 MinGW-w64 的安装目录。这里需要留意安装目录，在后面配置环境变量时会用到，如附图 C-8 所示。单击"Next" 按钮，就会开始下载上面所选择的组件版本并进行安装。

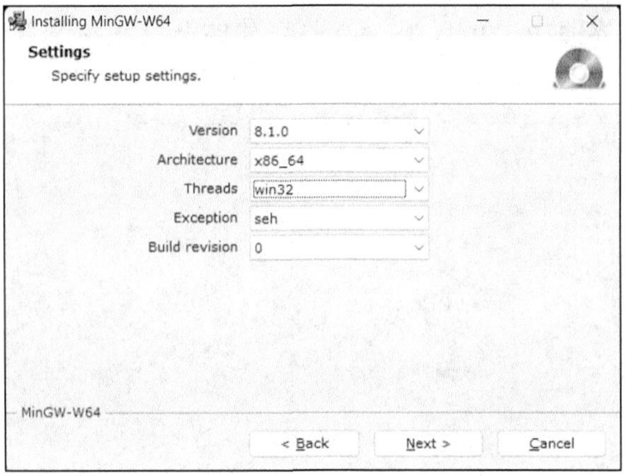

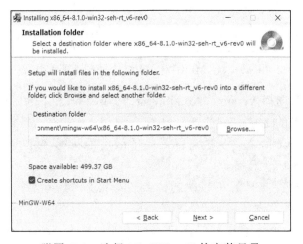

附图 C-7　MinGW-w64 组件版本选择确认界面

附图 C-8　选择 MinGW-w64 的安装目录

（9）本教程安装目录为 D:\Environment\mingw-w64\x86_64-8.1.0-win32-seh-rt_ v6-rev0\mingw64，其中有一个 bin 文件夹存放的是编译工具，如附图 C-9 所示。例如，gcc.exe 是用来编译 C 程序的，g++.exe 是用来编译 C++程序的，而 gdb.exe 则是用来调试程序的 debug 工具。

（10）复制 bin 文件夹的地址，本教程的目录为 D:\Environment\mingw-w64\x86_64-8.1.0- win32-seh-rt_v6-rev0\mingw64\bin。然后打开"控制面板"，依次选择"系统和安全"→"系统"→"高级系统设置"→"环境变量"，再选择"系统变量"中的"Path"，选择"编辑"，把 bin 文件夹的地址添加到最后面，单击"确定"按钮，如附图 C-10 所示。

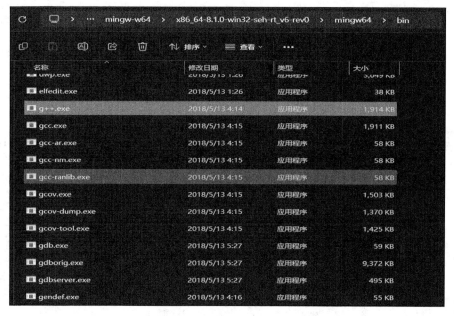

附图 C-9　MinGW-w64 的 bin 文件夹

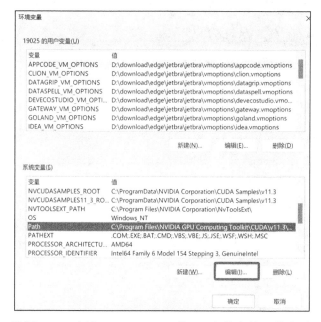

附图 C-10　添加 MinGW-w64 的 bin 文件夹的环境变量

（11）为了测试 MinGW-w64 是否配置成功，需要在"命令提示符"中执行命令"gcc -v"，所以要先启动"命令提示符"。需要注意的是，各个 Windows 版本的启动方式不同，但都可以通过打开"运行"窗口，输入"cmd"来打开它。然后输入"gcc -v"。如果"命令提示符"显示了一大串组件信息，说明 MinGW-w64 已经安装完成了。验证 MinGW-w64 是否安装成功的界面如附图 C-11 所示。

附图 C-11　验证 MinGW-w64 是否安装成功

3. 使用 MinGW-w64 编译源代码

MinGW-w64 没有图形用户界面，它其实是一组命令行工具集，任何操作都只能通过在"命令提示符"中输入命令的方式来执行。

格式：gcc 源代码文件的完整名字。

示例：gcc hello.c。

说明："gcc"是 MinGW-w64 内置的编译命令，"hello.c"则是要编译的源代码文件的名字。

创建 hello.c 源代码文件，然后使用记事本或者其他文本编辑器编辑代码，如附图 C-12 所示。

打开命令提示符，然后要将工作目录定位到源代码文件 hello.c 的存储位置，这一步非常重要。本教程编写的 hello.c 文件所在的目录是 D:\project\C，如附图 C-13 所示。

```
#include<stdio.h>
#include<stdlib.h>

int main(int argc, char *argv[])
{
    printf("hello world\n");
    /*暂停程序，方便观察程序执行结果*/
    system("pause");
    return 0;
}
```

附图 C-12　使用记事本编辑 hello.c 代码

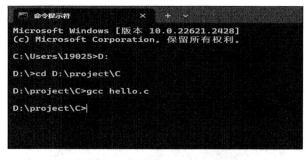

附图 C-13　hello.c 代码所在目录

　　在命令提示符中，直接输入盘符可以切换所在的盘，这里输入"D:"。命令"cd"可以改变当前的工作目录，具体做法是"cd"命令后面加目标工作目录，这里输入"cd D:\project\C"，即使用"cd D:\project\C"进入对应的文件夹。最后执行命令"gcc hello.c"，就可以将源代码编译为可执行程序了，如附图 C-14 所示。

```
Microsoft Windows [版本 10.0.22621.2428]
(c) Microsoft Corporation。保留所有权利。

C:\Users\19025>D:

D:\>cd D:\project\C

D:\project\C>gcc hello.c

D:\project\C>
```

附图 C-14　切换目录和编译源代码

a.exe 就是编译后生成的可执行程序，如附图 C-15 所示。

附图 C-15　编译后生成 a.exe 可执行程序

因为编译时没有指定生成的程序名，所以 MinGW-w64 默认将程序命名为 a，加上后缀名就是 a.exe 了。如果想在编译时就指定生成的程序名，就需要使用"gcc"命令的"-o"选项了。

格式：gcc 源代码文件的名字 -o 编译后程序的名字。

示例：gcc hello.c -o hello.exe。

例如：想要将 hello.c 编译成 hello.exe，命令是"gcc hello.c -o hello.exe"，完成后如附图 C-16 所示。

附图 C-16　编译后生成 hello.exe 可执行程序

双击运行已编译好的 exe 程序，如附图 C-17 所示。

附图 C-17　双击运行 hello.exe 可执行程序

也可以在命令提示符中输入文件名运行 exe 程序，如输入"hello.exe"，如附图 C-18 所示。

附图 C-18　在命令提示符中运行 hello.exe 可执行程序

下面介绍一个额外的设置，可以使 MinGW-w64 使用起来更方便。因为"gcc"命令有些麻烦，每次编译都要输入类似"gcc hello.c -o hello.exe"这样的一串字符，所以为了简化这一步骤，转而使用"make"命令。只是"make"是 Linux 和类 UNIX 下的工具，所以在 MinGW-w64 中需要做一些额外的修改。

首先在 bin 文件夹中复制一个"gcc.exe"的副本，然后将其更名为"cc.exe"即可；再复制一个"mingw32-make"的副本，最后将其更名为"make.exe"。

现在就可以使用"make"命令来编译源代码，只需要输入"make hello"即可编译生成"hello.exe"了，如附图 C-19 所示。

附图 C-19　使用 make 命令编译源代码

4. MinGW-w64 的更多了解

上述只是简单的编译源代码的方法，适用于单个或少量源代码文件。如果是复杂的大型程序，要用到 makefile 来组织源代码时，就需要用到 mingw32-make（修改后使用 make）命令了。如果程序编译或运行出错，需要调试源代码，则可以使用 gdb 命令来帮助确定问题产生的位置。

如果代码没有明显的编译错误，运行时也没有逻辑错误，则在最终编译为可发布版的程序时，还要考虑编译优化的问题，以便生成的程序文件体积更小，运行效率更高。gcc 命令有-00、-01、-02、-03 这几个优化选项，其中-00 是默认选项，意思是无优化，剩下的几个选项随数字的增大，优化程度也会逐渐增强。

附录 D VSCode 下载、安装、使用教程

1. 介绍

VSCode(Visual Studio Code)是微软开发的一款轻量级代码编辑器，免费、开源而且功能强大。它支持几乎所有主流的程序语言的语法高亮、智能代码补全、自定义热键、括号匹配、代码片段、代码对比 Diff、GIT 等特性，支持插件扩展，并针对网页开发和云端应用开发进行了优化。VSCode 支持 Windows、Mac OS 及 Linux 平台。它最大的特点是非常高效，启动速度很快，甚至可以媲美 Notepad++，这使得它成为开发 C/C++等多种项目的理想工具。

2. 下载

打开浏览器，搜索"Visual Studio Code 下载"即可。建议进入官方网站下载并安装。

3. 安装

（1）下载好 VSCode 后依次单击"下一步"按钮进行安装。

（2）进入 VSCode，第 1 步单击左侧第 5 个图标 Extensions，安装 cpptools 工具，如附图 D-1 所示。在搜索框内输入 C++，选择第 1 个工具，单击右侧"Install"按钮进行安装。

（3）下载配置 MinGW（参照附录 C）。下载地址：https://sourceforge.net/projects/mingw-w64/files/。进入网站后，在底部找到最新版的"x86_64-posix-seh"。解压压缩文件至指定目录。回到系统桌面，依次单击"属性"→"控制面板"→"高级系统设置"，单击系统属性底部的"环境变量"，找到"Path"，选择"编辑"，将刚刚解压缩的文件目录粘贴至最后。最后可以使用快捷键 Win+R 输入"cmd"，回车后输入"g++ -v"，如果显示版本信息则表明配置成功。

附图 D-1　安装 cpptools 工具

4. 入门使用

（1）新建空文件夹 Code，并在其下面新建 test1.cpp 文件，如附图 D-2 所示。

附图 D-2　新建 C/C++文件

（2）按功能键 F5 进入调试界面，如附图 D-3 所示。添加配置环境，选择 C++(GDB/LLDB)（图中左上角前进键），再选择 g++.exe，自动生成 launch.json 配置文件。编辑 launch.json 配置文件，如附图 D-4 所示。

附图 D-3　程序调试界面

附图 D-4　launch.json 配置文件

（3）返回 .cpp 文件，再按功能键 F5 进行调试，弹出"找到任务 task g++"提示，选择"配置任务"，自动生成 tasks.json 文件。编辑内容如附图 D-5 所示。

附图 D-5   tasks.json 文件

（4）运行 test1.cpp，直接按功能键 F5 即可，弹出程序运行结果，如附图 D-6 所示。

附图 D-6   程序运行结果

附录 E　实验源代码

  作者提供本书中所有验证性实验、设计性实验及部分综合性实验的源代码，供广大读者学习和参考使用。所有源代码均在 Windows 平台下 Dev-C++ 环境中调试并运行通过。读者可以打开网址 https://www.ecsponline.com，在页面最上方注册或通过 QQ、微信等方式快速登录，在页面搜索框中输入书名，找到图书后进入图书详情页，在"资源下载"栏目中下载源代码。